THE ELEMENTS OF USER EXPERIENCE

USER-CENTERED DESIGN FOR THE WEB AND BEYOND

SECOND EDITION

以用户为中心的产品设计

[美] 杰西·詹姆斯·加勒特（Jesse James Garrett）——著

范晓燕——译

机械工业出版社
CHINA MACHINE PRESS

图书在版编目（CIP）数据

用户体验要素：以用户为中心的产品设计（原书第2版）/（美）杰西·詹姆斯·加勒特（Jesse James Garrett）著；范晓燕译．—北京：机械工业出版社，2019.1（2023.8重印）（UI / UE系列丛书）

书名原文：The Elements of User Experience: User-Centered Design for the Web and Beyond, Second Edition

ISBN 978-7-111-61662-7

I. 用… II. ①杰… ②范… III. 网页制作工具–程序设计 IV. TP393.092

中国版本图书馆CIP数据核字（2019）第000576号

北京市版权局著作权合同登记 图字：01-2018-8107号。

用户体验要素

以用户为中心的产品设计（原书第2版）

出版发行：机械工业出版社（北京市西城区百万庄大街22号 邮政编码：100037）

责任编辑：陈佳媛　　责任校对：殷　虹

印　　刷：北京瑞禾彩色印刷有限公司　　版　　次：2023年8月第1版第12次印刷

开　　本：186mm×240mm 1/16　　印　　张：11.25

书　　号：ISBN 978-7-111-61662-7　　定　　价：79.00元

客服电话：（010）88361066 68326294

译者序

从2007年《用户体验要素》中文版第1版出版算起，几年时光弹指一挥就过去了。《用户体验要素》中文版第1版比英文版整整晚了6年，但仍然阻挡不了它横扫互联网产品界的势头。尽管国内外产品设计行业无论是从环境还是从团队分工、人员能力各方面来讲都有很大的不同，但通用的规则是跨文化、跨国界的。在这期间，不断地有人向我讲述他是如何将这个模型成功地应用到工作中的，这个模型又是如何第一次向周围的同事清晰地解释了产品设计的工作内容的。“用户体验要素”这个包含了5个层面、10个要素的模型，不知不觉已经成为产品人心目中的一种标准。我更是不止一次地被当成了该书的作者。

感谢Jesse James Garrett，是他勤奋的思考和强大的归纳给了我们关于“用户”“商业”“技术”三者之间错综复杂关系的全局画面，帮助我们去寻找问题的真正症结所在。经过10年的沉淀，作者将更深的领悟归纳到了本书中，而这一次，我们及时地跟上了世界的脚步。

翻译本书时，我重读书中所陈述的概念和事实，对自己目前所从事的领域有了更深入的理解。很荣幸能在传播有价值的思想方面发挥我的作用，但我不是作者，我也是此书的众多受益者之一。作为译者，我希望尽我所能地把作者的想法最低损耗地传达出来，你可以看到，书中的关键名词我都会保留英文原词，如果翻译有误或不准确，欢迎批评指正。

第2版前言

让我们直奔主题吧：第2版的不同点在哪里？

第2版与第1版相比，最大的变化是范围不再局限于Web网站。尽管书中使用的例子大部分仍然与Web相关，但无论是关注点、概念模型还是设计原则，都可以应用于所有的产品和服务。

我这么做有两个原因，而且都与过去10年间发生的事情有关。在过去10年间，无论是用户体验本身还是影响用户体验的要素，都发生了很多变化。

首先，这些年来，我不断地听到有人成功地把用户体验要素的模型应用到与Web无关的产品上。有些人本来是Web设计师，因为种种原因开始做类似手机应用的新产品；有些人是非Web产品的设计师，却仍然能将用户体验要素融到他们的工作当中。

而与此同时，用户体验所涉及的领域也大大扩展了。我们现在谈及“用户体验设计的价值和影响力”，早就不再局限于第1版中所说的“Web产品领域”，甚至也不仅仅局限于“基于屏幕交互的产品领域”。

第2版秉持近似的观点。如果只考虑模型立足的根源，Web仍然是第2版所讨论的重点，但本书并不要求你理解Web页面是如何开发出来的——所以，即使你从没写过一行Web代码，也应该可以将其应用到自己的工作当中。

抛开上面这两个原因不谈，对于已经读过第1版的读者，我希望你知道：第2版不是完全推翻了第1版重新再造的新模型，它只是对你已经知道（并且希望你能爱上）的、被大家所熟悉的要素模型进行了打磨和提炼，其核心思想和哲学概念是始终如一的。细微之处有少量变化，但大的框架没有改变。

如果这些要素能派上用场，我会感到欣慰。期待接下来的精彩！

Jesse James Garrett

2010年11月

第2版致谢

过去几年中，Michael Nolan一直在鼓动我写《用户体验要素》第2版。他坚持不懈的鼓动和创新构想终于使得我接受了他的提议。

感谢New Riders的Rose Weisburd、Tracey Croom和Kim Scott，他们不断地跟进我的写作进度。Nancy Davis、 Charlene Will、Hilal Sala和Mimi Vitetta给了我很大的帮助。同样也要感谢Samantha Bailey和Karl Fast的大力支持。

我的妻子Rebecca Blood，始终是我最信任的编辑、顾问和知己。

最佳背景音乐奖这次要颁给Japancakes、Mono、Maserati、Tarentel、Sleeping People、Codes in the Clouds，还有Explosions in the Sky。特别要感谢Maserati带来的Steve Scarborough，它给了我写作上的无穷灵感。

第1版前言

这不是一本关于“怎样做（how-to）”的书。有很多讨论如何建设网站的书，这本不是。

这不是一本关于技术的书。在这里你找不到一行代码。

这不是一本有答案的书。相反，这本书说的是“如何提出正确的问题”。

这本书将告诉你，在阅读其他的书籍之前你需要提前了解什么。如果你需要一个大的概念，或者需要了解用户体验设计师所做出的决策的环境，那么这本书很适合你。

这本书经过精心设计，使你可以在一两个小时之内读完。如果你是一个刚刚进入用户体验领域的新手——可能你是一个负责组建用户体验团队的管理人员，或者你是一个碰巧进入这个领域的作家或设计师——那么这本书将给你一些基础的概念。如果你已经对设计方法和用户体验领域的关注点很熟悉了，那么这本书将帮助你更有效地把这些概念传达给与你合作的人。

背后的故事

由于被询问得太多，所以我决定把本书的诞生过程写下来。

1999年下半年，我作为第一个信息架构设计师加盟了一个多年做网页设计的顾问公司。我通过很多方式来明确我的岗位职责并向人们不停地讲述我所做的事情是什么、这些事情如何与其他人所做的工作融合到一起等。一开始，他们都十分小心而且还有一点警惕，但是很快他们开始意识到我的存在是为了让他们的工作更容易，而不是更困难。我的出现并不表示他们的权威性降低了。

与此同时，我在编写一个与我工作相关的、我个人用于收藏网上资源的网站（它最终作为www.jjg.net/ia/的信息架构资源页面而发布在互联网上）。在做这些研究的时候，我总是不断地受到一些基础概念的词汇的困扰，在这个领域中它们看上去很相似但实际上被随意和胡乱使用。某资料中称为“信息设计”的东西很显然和另一个资料所称的“信息架构”完全一样，而第三份资料中把所有这些放在一起称为“界面设计”。

在1999年年底到2000年1月，我强撑着完成了一系列对这些关键议题的一致定义，并找到一种方式来表达它们之间的关系。但是我当时非常忙，被一些正在进行中的工作缠住了，脱不开身，我试着去阐述和说明的那种模型没有真正地在工作中产生效果，所以在1月快结束的时候，我放弃了这个念头。

同年3月，我到得克萨斯州奥斯汀市参加一年一度的South by Southwest交互展览。这是忙碌而又发人深省的一周，在此期间我几乎没睡多少觉——大会的议程安排和晚上的活动就像一场耗时两三天的马拉松比赛。

那个星期快结束的时候，我通过奥斯汀机场的安检口准备登上返回旧金山的飞机，这时一个三维的矩阵突然就跳进了我的脑海里，并完全占据了我的整个思绪。在登上飞机之前我一直都耐心地等待着。而在我坐下的同时，我掏出记事本把它画了出来。

回到旧金山之后，由于伤风我几乎立刻就倒下了。我经历了大约一个星期的高烧和谵语。在刚刚感到清醒的时候，我马上把记事本上的草图变成整洁地展现在一张纸上的完整图示。我把它称为“用户体验要素”。后来我听说，这个称呼唤起了大多数人对于“元素周期表”和“Strunk and White[⊖]”的回忆。不过让大家失望的是，在选择这个标题的时候，我的脑海中完全没有这种联想——之所以从辞典中把“要素（element）”挑选出来，只是为了代替蹩脚的、听上去很技术化的“组件（component）”一词。

3月30日，我把最终的图发布到了网上（你现在仍然可以在www.jjg.net/ia/elements.pdf上找到最初的图示）。它开始得到一些关注，首先是Peter Merholz和Jeffrey Veen，他们后来成为我在Adaptive Path的搭档。接着，我在信息架构峰会（Information Architecture Summit）上和更多的人有了一定的交流。最后，我开始听到来自世界各地的人们讲述他们如何使用这个图示去教他们的同事，以及在讨论与用户体验相关的议题时将此图示作为通用的词汇表在企业内使用。

在这个图示初次发表之后的一年间，“用户体验要素”在我的网站上的下载数量超过了2万。我听说它在一些大型企业或小型的网站开发团队中用于帮助

⊖ Strunk and White：William Strunk Jr.和E. B. White是两位文体专家，提倡简洁干净的文风。他们认为，好语言的标准是使读者念起来不觉得有累赘和障碍。Strunk和White合著了《The Elements of Style》一书。

大家更高效地合作和沟通。至此，我认为在书中阐述想法会比用一张纸的表格更好地满足这类需求。

又一个3月来到了，我又一次来到奥斯汀的South by Southwest交互展览，在这里我认识了New Riders的Michael Nolan，并向他讲述了我的想法。他对此非常感兴趣，同时很幸运的是，他的老板也同样感兴趣。

于是，一切就像是有幸运之神眷顾一样，这本书最终到达了你的手中。我希望这里所提到的想法能对你有所启迪，就如同我将它们汇集到这本书里所得到的启迪一样。

Jesse James Garrett

2002年7月

www.jjg.net/elements/

第1版致谢

不要被封面上的名字数目欺骗了——这本书聚集了很多人的智慧和努力。

首先，我必须要感谢我在Adaptive Path的搭档：Lane Becker、Janice Fraser、Mike Kuniavsky、Peter Merholz、Jeffrey Veen和Indi Young。我能完成这项工作完全是由于他们对我的信任和支持。

然后是New Riders的每一个人，尤其是Michael Nolan、Karen Whitehouse、Victoria Elzey、Deborah Hitte-Shoaf、John Rahm和Jake McFarlan。他们在我撰写本书的过程中起到了关键的指导作用。

Kim Scott和Aren Howell用敏锐的眼光来关注这本书所有设计的细节。他们对我的建议和所付出的耐心尤其值得称赞。

Molly Wright Steenson和David Hoffer在对我的手稿的评审中提出了很多有价值的见解。每一个作者都应该如此幸运地拥有这样的好伙伴。

Jess McMullin在许多方面都是我最尖锐的批评家，这本书在他的影响下得到了大大的改善。

同样感谢那些在撰写书籍方面富有经验的作者，他们的金玉良言帮助我在完成这个项目的同时还能保持头脑清醒：Jeffrey Veen（再一次）、Mike Kuniavsky（再一次）、Steve Krug、June Cohen、Nathan Shedroff、Louis Rosenfeld、Peter Morville和（特别是）Steve Champeon。

其他给我提出过有价值的建议或提供精神支持的朋友包括：Lisa Chan、George Olsen、Chritina Wodtke、Jessamyn West、Samantha Bailey、Eric Scheid、Michael Angeles、Javier Velasco、Antonio Volpon、Vuk Cosic、Thierry Goulet和Dennis Woudt。他们帮助处理了那些被我忽略的事情，正是因为这样，他们成为我最好的同事。

本书写作过程中的音乐伴奏由Man（也许应该是Astro-man）、Pell Mell、Mermen、Dirty Three、Trans Am、Tortoise、Turing Machine、Don Caballero、Mogwai、Ui、Shadowy Men on a Shadowy Planet、Do Make Say Think和（尤其是）Godspeed You Black Emperor提供。

最后，还有三个人，如果没有他们，这本书就不可能完成：Dinah Sanders，在一个温暖的得克萨斯的晚上聚会中，是她坚持要我认识某个人；我的妻子Rebecca Blood，她使我在各方面都变得更强大、更聪明；Daniel Grassam，没有他的友谊、鼓励和支持，我可能还没有找到在这个领域中的方向。谢谢你们！

作者简介

Jesse James Garrett是Adaptive Path的创始人之一。Adaptive Path是一家位于美国旧金山的用户体验咨询公司。从1995年开始，Jesse帮助一些企业改进网站，其中包括AT&T、Intel、Boeing、Motorola、HP和美国国家公众广播等。他为用户体验领域开发了“视觉辞典（Visual Vocabulary）”——一个规范信息架构文档的开放符号系统，现在这个系统在全球各个企业中得到了广泛的应用。他是信息架构和用户体验的积极倡导者，其个人网站www.jjg.net是提供信息架构资源的网站中最受欢迎的一个。

2005年2月，Jesse James Garrett发表了《Ajax：A New Approach to Web Applications》一文，标志着Ajax的诞生。因此，他被称为“Ajax之父”。

译者简介

范晓燕，UCDChina发起人，从1997开始从事互联网相关工作，拥有超过10年的互联网从业经验，现从事用户体验研究、分析，以及互联网产品的设计和管理工作。她推崇“以用户为中心（UCD）”的设计思想，是用户体验设计的积极推广者和实践者。个人博客为http://angela.ucdchina.com/，电子邮箱为angela.fan@msn.com。

目录

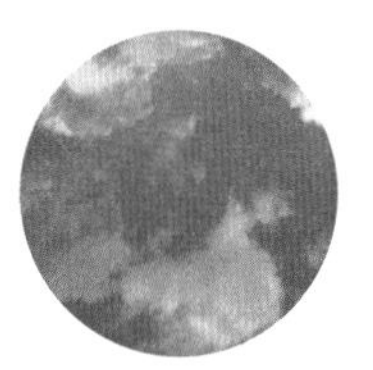

01

第1章

用户体验为什么如此重要

说到我们所使用的产品和服务，我们对它们的感情可谓爱恨交加。它时而令我们备受鼓舞，时而令我们感到沮丧；它使生活变得简单，又使生活变得复杂；它使我们变得疏远，又使我们更加亲近。即使这样，我们还是不得不每天都和不计其数的产品或服务打交道，我们几乎忘记了技术产品也是由人们制造的。当产品满足了人们的需求时，它的制造者应该受到赞扬；反之，则会受到指责。

日常生活中的遭遇

每个人都曾经历过这样的日子。

你知道我说的是什么样的日子：当你醒来时阳光已经照进了你的窗户，而奇怪的是，你设置好的闹钟竟然没有响。你看了一眼闹钟，发现它上面的时间是凌晨3点43分。你跌跌撞撞地爬下床找出另一只钟，它告诉你，如果你想按时上班，就必须在10分钟之内出门。

你一边打开咖啡机，一边匆忙地穿衣服，但当你去取那杯对你至关重要的咖啡时，却发现壶里没有咖啡。没有时间考虑为什么——因为你必须去上班了！

你大概走了一个街区远的时候，发现车快没油了。在加油站，你本来准备使用那台可以用信用卡的加油机，但不知为什么，机器说什么也不认你的卡。于是你不得不跑进去付现金，这样你就得排队，等待收银员慢吞吞地一一接待排在你前面的人。

加完油之后，你上班的路上发生了一起交通事故，你不得不绕了条远路，所以你花在路上的时间超过了预想的时间。结果就是：尽管你已经很努力，但你还是迟到了。终于，你来到自己的办公桌旁。你感到焦躁不安，满腹委屈，筋疲力尽，怒气冲天一实际上你的一天还没有真正开始呢，你甚至连一口咖啡都还没有喝到。

什么是用户体验

这看起来真是一连串的倒霉事一这只是众多日子中的一天。但是让我们回过头来分析一下，看是不是所有这些倒霉事本来是可以避免的。

交通事故： 事故的发生是开车的那个司机为了调低收音机的音量，而暂时把视线从路面上离开造成的。他不得不这么做，因为他用手摸不出哪一个是音量控制按钮。

收银机： 加油站的收银机前排的长队之所以移动缓慢，是因为收银机操作起来过于复杂，很容易把人搞糊涂，收银员在登记款项的时候必须集中全部注意力来操作，否则很容易就会出错，然后不得不重新来过。如果收银机设计得更简单一些，按钮的布局和颜色有所不同，那也许就根本不会有那么长的队伍了。

加油机：如果不是加油机不认你的信用卡，你也就不用去排队付钱。其实你只要把卡掉个个儿插进去，加油机就可以读出了。但是，在加油机上却没有任何提示告诉你如何插卡，而你当时太着急了，没有想到把卡换几个方向插进去试试。

咖啡机：咖啡机之所以没有煮出咖啡，是因为你匆忙之中没有把“开”的按钮按到底。咖啡机在打开时，没有任何现象表明它确实被打开了：没有指示灯，没有声音，连按下按钮时的阻力感也没有。你以为你打开了咖啡机，其实没有。要是你会设置的话，也可以让咖啡机每天早上自动开启，这个问题还是可以避免的。但你从来没有学会使用这项功能——当然啦，前提是你幸运地知道有这么一个功能。到目前为止，咖啡机面板上显示的时间还是12：00。

闹钟：现在，我们来看看导致这一大串倒霉事的罪魁祸首——那只闹钟。闹钟没有响是因为钟上的时间错了，钟上的时间错了是因为你的猫半夜时分踩了它一脚，使时间更改了（你可能觉得这事难以置信，先不要笑——这事就曾经发生在我身上。我为找到一只不怕猫踩的闹钟花费了很长时间）。其实只要在按钮的结构上做点细微的改动，就可以避免闹钟的时间被猫改掉，那么你就可以按时起床，根本不需要这么匆忙。

总而言之，假如人们在设计产品或服务时选择了另外的方式，上文所说的每件倒霉事也许都是可以避免的。这些例子表明，我们对**用户体验**的关注实在是太少了：我们所生产的产品是供人们在现实世界中使用的。在产品开发过程中，人们更多地关注产品将用来做什么。设计师经常忽略的另一个因素是产品如何工作，而这恰恰是决定产品成败的关键因素。

用户体验并不是指一件产品本身是如何工作的，而是指“产品如何与外界发生联系并发挥作用”，也就是人们如何“接触”和“使用”它。当人们询问你某个产品或服务时，他们问的是使用的体验。它用起来难不难？是不是很容易学会？使用起来感觉如何？

这种交互通常包括各种各样的按钮，它们体现在以上案例中的一些技术型产品上，比如闹钟、咖啡机和收银机。有时，交互只是体现在一个简单的物理装置上，比如汽车的油箱盖。不管怎么样，人们使用的每一件产品都具有用户体验：书、调味罐、活动靠背椅、开襟羊毛衫。

无论什么产品，用户体验总是体现在细微之处，但却非常重要。按下按钮时的“滴答”声似乎无关紧要，但如果这个声音决定了你是否能喝到咖啡，那么它就变得很关键了。即使你从来没有意识到是这个按钮的失败设计给你带来了麻烦，但你可以想一想：你对一个时好时坏、捉摸不定的咖啡机印象如何？

对生产这个咖啡机的厂家印象如何？你还会再购买它们生产的其他产品吗？也许不会了。于是，咖啡机厂家仅仅由于按钮不能发出声音，便失去了一个顾客。

从产品设计到用户体验设计

大多数时候，当提到“产品设计”时，人们往往想到的是产品在感官方面的表现（如果他们想的确实是产品设计的话）：精心设计的产品，看起来赏心悦目，而且给用户很好的触感（嗅觉和味觉在大部分的产品设计中并没有占到太大的比重。听觉常常是被忽略的一个因素，但其实应该成为产品的一个重要指标）。无论是一辆顶级跑车所具有的曲线，还是一个电钻手柄上的纹理，产品在感官上所产生的冲击显然是最直接的。

另外一种常见的评价产品的角度，则是与“功能”有关的：精心设计的产品必须要具有它应该具有的功能，而烂产品却往往不是这样，例如，刀刃很锋利的剪刀不能剪东西，注满墨水的钢笔写不出字，打印机总是卡纸，等等。

以上两种观点都不能算是真正的“设计”，有些产品可能很好看且功能正常，但将“设计一个用户体验良好的产品”作为明确的目标，意味着不仅仅是功能或外观那么简单。

有些负责创建产品的人可能根本不会想到“设计”这个词。对于他们来讲，创建一个产品的过程更像是在“开发”：逐步建立和完善产品的特性和功能，直到它们所组成的那个东西在市场上是可行的。

对于这种人而言，产品设计是由功能决定的——或者就像某些设计师常说的：“外形服从于功能。”这种观点对于产品的内部运作（那些用户不可见的部分）是完全适用的。但是，对于产品直接面对用户的部分——按钮、布局、文字，也包括外观，正确的产品形态绝对不是由“功能”所决定的，而是应该由“用户自身的心理感受和行为”来决定的。

用户体验设计通常要解决的是应用环境的综合问题。视觉设计选择合适的按钮形状和材质，要保证它在咖啡机上能引起用户注意。功能设计要保证按钮在设备上触发适当的动作。用户体验设计则要综合以上两者，兼顾视觉和功能两方面的因素，同时解决产品所面临的其他问题。比如：“对于一个如此重要的功能来讲，这个按钮是不是太小了？”用户体验设计同时还要保证当用户尝试去完成其他某个任务时，按钮能更好地工作。比如：“用户可能会同时使用另外的一些功能按钮，那么，与那些按钮相比这个按钮所放置的位置是否合理？”

为体验而设计：使用第一

产品设计和用户体验设计有什么不同呢？毕竟每一个产品都是把人类当成用户来设计的，而产品的每一次使用都会产生相应的体验。就拿桌椅来说：椅子是用来坐的，桌子是用来放东西的。在这两个简单的例子里，产品都可能给用户带来令人不满的体验：椅子承受不了一个人的重量，或者桌子摇来晃去的，不够稳定。

但是，生产桌椅的厂家通常并不需要聘用一个用户体验设计师。对于这类简单的情况，创建一个良好的用户体验的设计要求，完全等同于产品自身的定义：从某种意义上讲，一把不能坐的椅子根本就不能称为“椅子”。

对于一些更加复杂的产品来讲，创建良好的用户体验和产品自身的定义之间的关系相对而言是独立的。一部电话机因为具有拨打和接听的功能而被定义为电话，但实际上在打电话这件事上有无数种方式可以实现上述定义，这离成功的用户体验也相去甚远。

产品越复杂，确定如何向用户提供良好的使用体验就越困难。在使用产品的过程中，每一个新增的特性、功能或步骤，都增加了导致用户体验失败的机会。

一部新技术的手机比起20世纪50年代的老式电话机来讲，新增了太多的功能。因此产生的结果就是，设计并生产出这样一部手机的过程变得更加困难。这正是产品设计必须将用户体验设计纳入考虑范围的原因。

用户体验和网站

用户体验对于所有的产品和服务来讲都是至关重要的。这本书主要讨论的是一种特殊产品的用户体验：网站（这里的“网站”一词包括了以内容为主的网站产品和以交互为主的网站应用）。

在网站上，用户体验比任何一个其他产品都显得更重要。当然我们从创建成功的网站用户体验过程中所了解的知识，也可以应用到更广泛的领域中。

网站是一门错综复杂的技术，而当人们使用这些深奥的技术遇到困难时，有趣的事情发生了：他们总是责备自己。他们认为自己一定做错了什么，觉得自己很愚蠢。可以肯定地说，这是不理性的。毕竟，网站没有按照用户所期望的那样运作，这不能算他们的错。但是用户仍然觉得自己很笨。如果你想把人们从你的网站上赶跑，那就在他们使用网站的时候让人们觉得自己愚蠢吧，你很难再找出比这个更有效的办法了。

不管用户访问的是什么类型的网站，它都是一个“自助式”的产品。没有可以事先阅读的说明书，没有任何操作培训或讨论会，没有客户服务代表来帮助用户了解这个网站。用户所能依靠的只有自己的智慧和经验，只能独自面对这个网站。

用户被困在了某个地方，必须要靠自己找到出路，这已经够糟糕了；而大部分网站甚至没有意识到用户的困境，这只会让事态变得更糟。无论用户体验对网站的成功具有多

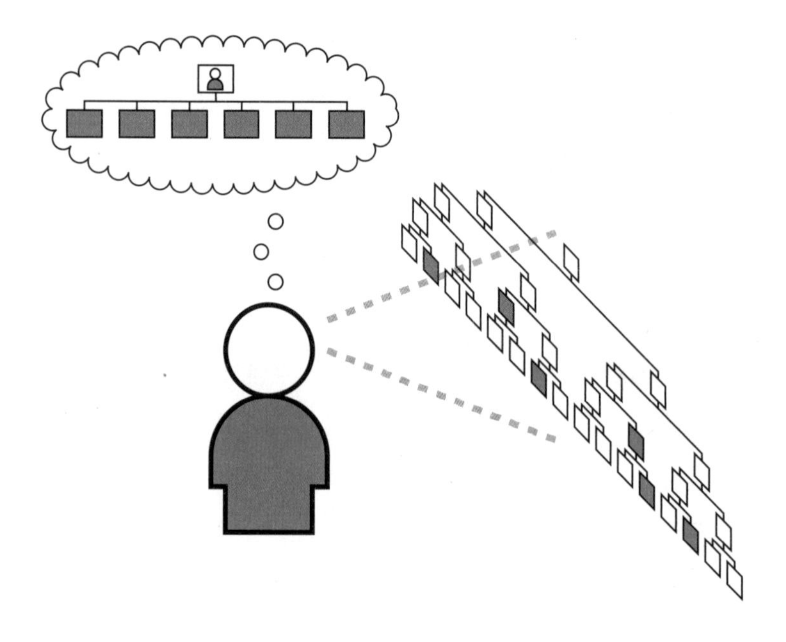

面对大量的选择，用户只能自己想办法，去决定哪一个网站功能会符合他的需求。

么重大的战略意义，在大多数网站发展的过程中，仅仅是“去理解人们所想和所需”这样一件简单的事，也从来没有得到过重视。

如果用户体验对于网站来讲如此至关重要，那为什么它总是在开发过程中被忽略呢？在网站最初出现的时候，成功的关键是第一时间把各种想法实现出来，将网站迅速推向市场。就像Yahoo!一样，它早早地建立起很多个“第一”，使得后来的竞争对手不得不努力追赶。接着一些公司竞相建起了网站，希望不再落后于时代。但在大多数情况下，企业只是把拥有网站看成一个杰出的成就；至于它是否真正能为人们所用，充其量是后来才想到的一件事情。

为了赢得市场份额，对付那些“捷足先登”的网站，企业开始强调“产品特性”，向他们的网站中加入越来越多的内容和功能，希望可以吸引一些刚开始上网的人（也许还能从竞争对手那里偷过来一些客户）。这种在产品中匆忙加入各种特性的比赛，并不是网站的唯一现象，从手表到移动电话，“特性”在产品设计的各个领域掀起了一股迅猛的风潮。

无论如何，拥有更多的“产品特性”，被证明只能保持短时间的竞争优势。随着功能的不断膨胀，网站变得越来越复杂，越来越笨重，越来越难以使用，最后就失去了对初次访问者应有的吸引力。同时，企业仍然很少去关心用户真正喜欢什么，很少去发现有价值或真正可以使用的东西。

越来越多的企业已经开始意识到，提供优质的用户体验是一个重要的、可持续的竞争优势—不仅仅对网站是这样，对所有类型的产品和服务也是如此。用户体验形成了客户对企业的整体印象，界定了企业和竞争对手的差异，并且决定了客户是否还会再次光顾。

用户体验就是商机

也许你在网站上并不销售任何东西。你所提供的全部内容都是关于企业的。看上去你对这些信息拥有垄断权——如果人们想得到它，那么必须从你那里得到。你不像在线图书商城那样有很多的竞争对手。尽管如此，你也不能忽视用户在你网站上的体验。

如果你的网站主要是由网站专家们称为“内容”（也就是说，信息）的网站类型组成，那么网站的主要目标之一就是尽可能有效地传达信息。仅仅把它们放在那里是远远不够的，必须用一种能帮助人们理解和接受的方式呈现出来。否则，用户永远不会发现你所提供的服务或产品正是他们在寻找的。即使用户能找到这些信息，也很可能得出一个结论：如果你的网站很难使用，恐怕你的服务或产品也一样。

即使你的网站包括一些交互的小工具，用来帮助人们完成某个任务（比如购买机票或管理银行账户），高效的沟通也是决定你的产品成功的关键因素。如果用户弄不明白它是怎样工作的，你所提供的“世界上最强大的功能”将摇摇欲坠，并以失败而告终。

简而言之，如果你的用户得到一次不好的体验，他们将不再回来。如果用户在网站上体验尚好，但是，在你的竞争对手那里感觉更好，那么他们下次将访问你的竞争对手的网站，而不是你的。“特性”和“功能”总是重要的，但是用户体验对于客户的忠诚度有着更大的影响。所有的尖端技术和品牌营销邮件都无法让客户访问第二次。一次良好的用户体验却可以——而且你不会有太多的“第二次机会”去纠正它。

“客户忠诚度”并不是关注网站的用户体验所带来的唯一回报。企业关注财务营收的情况，希望知道**投资回报**（Return On Investment，ROI）。投资回报通常是用金钱来衡量的：所花出去的每一元钱，能收回多少元的等值收益？但是投资所得的收益并不一定用严格的货币术语来进行计算。你所需要的是一种衡量的方法，用于计算花出去的钱转化成了多少企业的价值。

一个最常用的投资收益的度量标准是**转化率**（conversion rate）。你一直想鼓励你的客户在和你建立某种关系的时候采取更进一步的行动——不管是像“用户定制个人偏好网站”一样复杂的行动，还是像“登录并接受E-mail简讯”一样简单的行动—你总是可以用转化率来衡量这个结果。通过跟踪有百分之多少的用户被你“转化”到了下一个步骤，就能衡量你的网站在达到商业目的方面的效率有多高。

转化率对于电子商务网站来讲尤为重要。浏览电子商务网站的人数远远多于从它那里购买产品的人数。一次优质的用户体验是将“偶然浏览者”转化成“实际购买人”的关键因素。即使只增加了很少的一点转化率，也能给你的财务收入带来一次显著的飞跃。将1%的转化率提高1/10，从而导致财务收入增加10%甚至更多，这并不是罕见的现象。

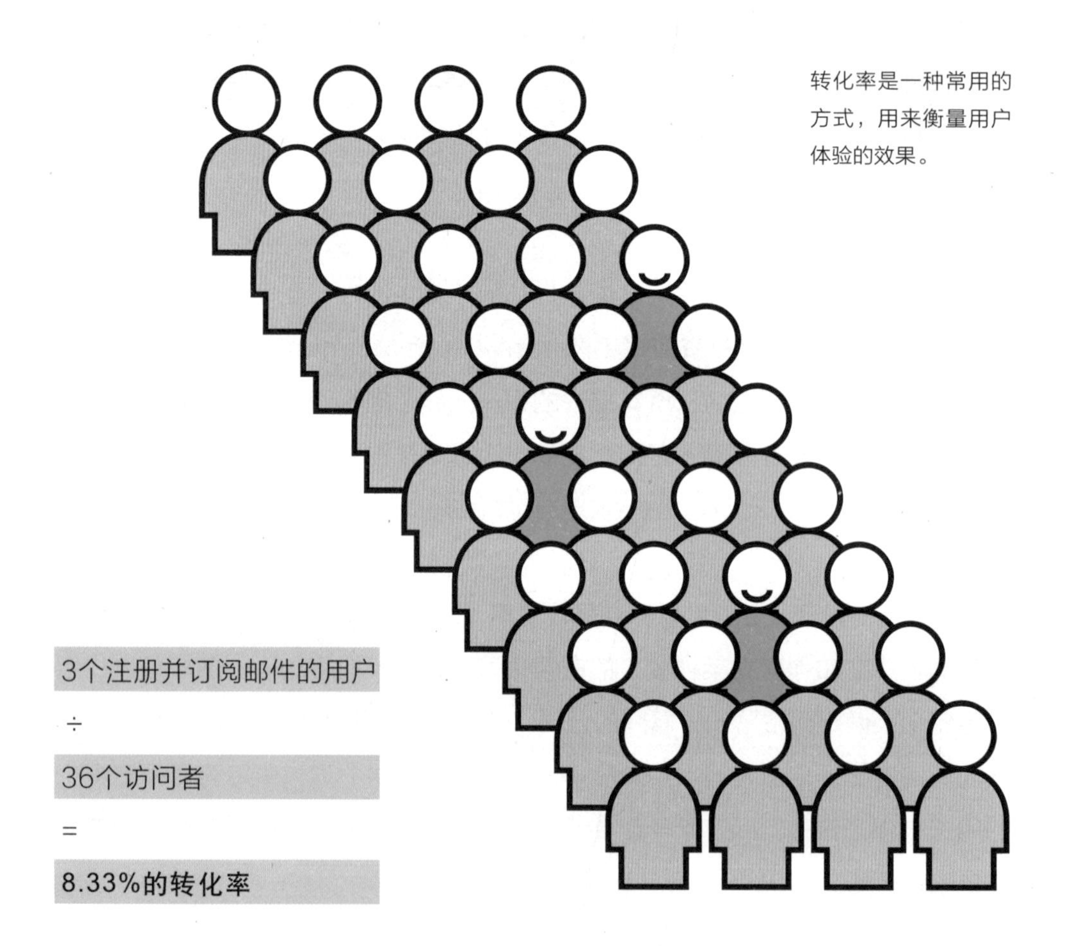

转化率是一种常用的方式，用来衡量用户体验的效果。

在任何一个用户有可能掏腰包的网站上，都可以用转化率来衡量你的成果，不管销售的是书、猫食，还是订阅网站本身的内容。与简单的销售数字比较，转化率可以让你更强烈地感受到在用户体验上的投入所得到的回报。不能成功地让人们理解你的网站，也会影响销售的业绩。转化率可以跟踪你究竟成功地使多少访问者掏出了腰包。

即使你的网站不易用ROI来衡量成果，也不意味着你的网站上的用户体验工作毫无意义。不管网站是由你的客户、合作伙伴还是员工使用，用户体验都会在各个方面对最终结果产生间接的影响。

那些不会被企业之外的人看到的网站（比如企业的内部工具或内部网站），用户体验仍然会带来很大的差异。一个是“为企业创造价值的项目”，另一个则是“变成资源消耗噩梦的项目”，两者之间有着明显的差异。

任何在用户体验上所做的努力，都是为了提高效率。这基本上是以两种主要形式体现出来的：“帮助人们工作得更快”和“减少他们犯错的概率”。人们所使用的工具在效率上的改进，会直接带来企业的整体生产力的提高。在完成任务时你所花费的时间越少，那么在一天之内你能做的事情就越多。根据一直以来“时间就是金钱”的观点，节省员工的时间就直接等于节约企业的金钱。

效率所影响的不仅仅是最终的结果。当工作中用到的工具合乎规则、容易使用、不令人沮丧和没有不必要的复杂性时，人们会更喜欢自己的工作。如果你是其中一员的话，这种工具会使你在结束一天的工作回到家时带着很大的满足感，而不是累得筋疲力尽（或者，即使你累得筋疲力尽，至少是有正当的理由，而不是因为你一直在和你的工具作斗争）。

对你的员工而言，这种工具不仅提高了他们的生产力，还增加了他们的工作自豪感，这样就会大大减少他们考虑换新工作的想法。这能让你节省招聘和培训的费用，如果再算上一个更加尽心尽力、经验丰富的员工所能带来的更高质量的工作成果，你从中获得的效益是显而易见的。

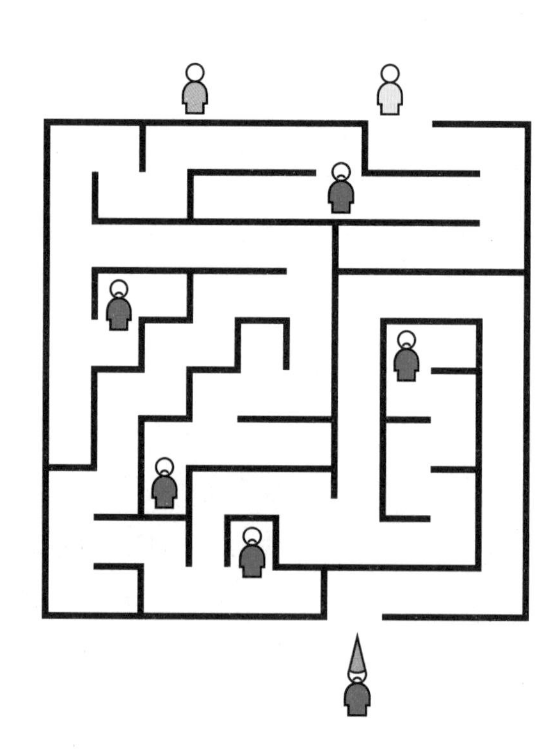

科技产品没有按照人们期望的那样工作，这让他们觉得自己很笨—即使他们最终完成了自己想做的事情。

在乎你的用户

创建吸引人的、高效的用户体验的方法称为**以用户为中心的设计**（user-centered design）。以用户为中心的设计思想非常简单：在开发产品的每一个步骤中，都要把用户纳入考虑范围。这个简单思想之中所蕴含的内容，却出乎意料地复杂。

用户所体验的每一件事，对你来讲都应该是经过慎重考虑和论证以后的决定。实际上，设计出一个更好的解决方案需要更多的时间和费用，你可能不得不在各个方面做出妥协。但是，“以用户为中心”的设计流程保证了这些妥协不是随机决定的。考虑用户的体验，把它分解成各个组成要素，从不同的角度来了解它——只有这样，你才能确保你考虑了决策会带来的全部结果。

用户体验对你很重要，其中一个最大的理由是：它对你的用户很重要。如果你没有给他们一个积极的体验，他们不会使用你的产品。如果没有用户，你最后所得到的只是一台藏在某个角落里、布满了灰尘的网络服务器（或者是装满了各种各样产品的仓库），它无聊地等待着去完成永远不会到来的请求。对于那些来造访的用户，你必须为他们规划一个有黏性的、直观明了甚至还让人愉快的体验——一次“每件事都按照正确的方式在工作”的体验，而不管他们这一天的其他时间是如何度过的。

02

第2章

认识用户体验要素

用户体验的整个开发流程，都是为了确保用户在你的产品上的所有体验不会发生在你“明确的、有意识的意图”之外。这就是说，要考虑到用户有可能采取的每一个行动的每一种可能性，并且去理解在这个过程的每一个步骤中用户的期望值。这听上去像是一个很庞大的工作，而且从某种程度上来讲也的确是。但是，我们可以把设计用户体验的工作分解成各个组成要素，以帮助我们更好地了解整个问题。

五个层面

大多数人都曾经通过网站购买过实物。这种经历几乎每一次都是一样的——你进入网站，寻找你想买的东西（也许使用搜索引擎，也许使用分类目录），把你的信用卡号和邮寄地址告诉网站，然后网站保证这个产品将递送到你的手中。

这个清晰、有条不紊的体验，事实上是由一系列完整的决策（大大小小的决策）组成的：网站看起来是什么样子，它如何运转，它能让你做什么。这些决策彼此依赖，影响用户体验的各个方面。如果我们去掉用户体验的外壳，就可以理解这些决策是如何做出来的了。

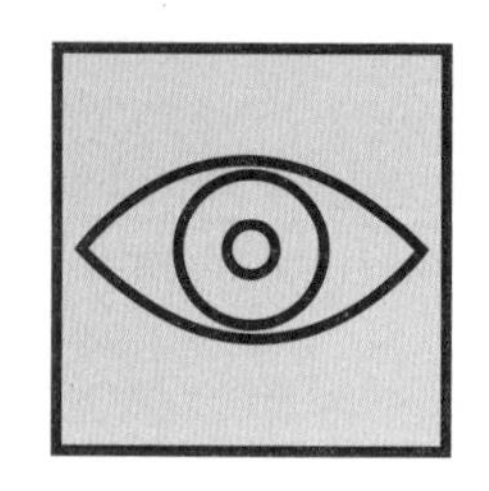

表现层

在**表现层**（surface），你看到的是一系列的网页，由图片和文字组成。一些图片是可以点击的，从而执行某种功能，例如把你带到购物车里去的购物车图标。一些图片就只是图片，比如一个促销产品的照片或网站本身的标志。

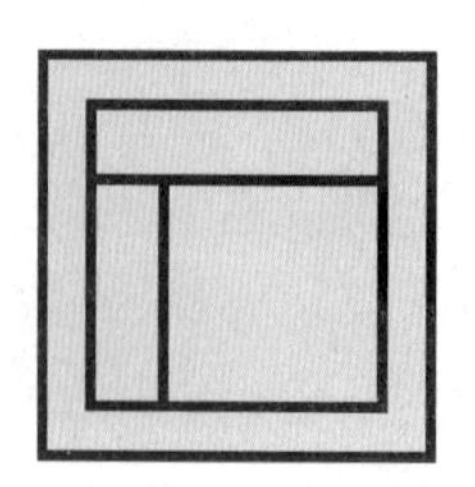

框架层

在表现层之下是网站的**框架层**（skeleton）：按钮、控件、照片和文本区域的位置。框架层用于优化设计布局，以达到这些元素的最大效果和效率——使你在需要的时候，能记得标识并找到购物车的按钮。

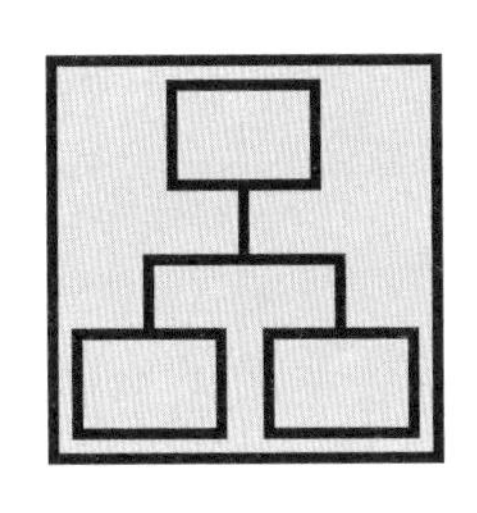

结构层

与框架层相比更抽象的是**结构层**（structure），框架是结构的具体表达方式。框架层确定了在结账页面上交互元素的位置；而结构层则用来设计用户如何到达某个页面，并且在他们做完事情之后能去什么地方。框架层定义了导航条上各要素的排列方式，允许用户浏览不同的商品分类；结构层则确定哪些类别应该出现在那里。

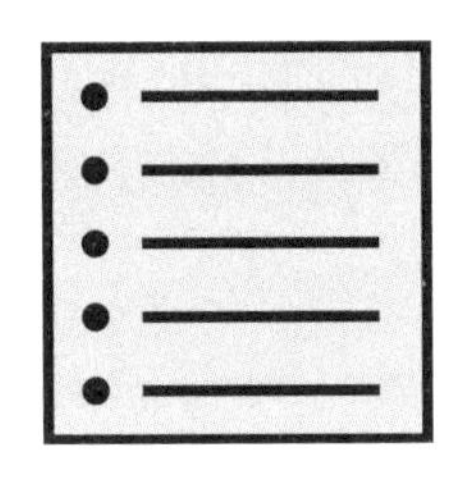

范围层

结构层确定网站的各种特性和功能最合适的组合方式，而这些特性和功能就构成了网站的**范围层**（scope）。比如，有些电子商务网站提供了一个功能，使用户可以保存之前的邮寄地址，这样他们可以再次使用它。这个功能（或任何一个功能）是否应该成为网站的功能之一，就属于范围层要解决的问题。

战略层

网站的范围基本上是由**战略层**（strategy）所决定的。这些战略不仅仅包括了经营者想从网站得到什么，还包括了用户想从网站得到什么。就网上商店的例子而言，一些战略目标是显而易见的：用户想要买到商品，我们想要卖出它们。另一些目标（如促销信息，或者用户填写的内容在商务模型中扮演的角色）可能并不是那么容易说清楚的。

自下而上地建设

这五个层面——战略层、范围层、结构层、框架层和表现层——提供了一个基础架构，只有在这个基础架构上，我们才能讨论用户体验的问题，以及用什么工具来解决用户体验的问题。

在每一个层面中，我们要处理的问题有的抽象，而有的则更具体。在底层，我们完全不用考虑网站、产品或服务最终的外观——我们只关心网站如何满足我们的战略（同时也满足用户的需求）。在顶层，我们只关心产品所呈现的最具体的细节。随着层面的上升，我们要做的决策一点一点地变得具体，并涉及越来越精细的细节。

每一个层面都是由它下面的那个层面来决定的。所以，表现层由框架层来决定，框架层则建立在结构层的基础上，结构层的设计基于范围层，范围层是根据战略层来制定的。当我们做出的决定没有和上下层面保持一致的时候，项目常常会偏离正常轨道，完成日期延迟，而当开发团队试图把各个不匹配的要素勉强拼凑在一起时，费用也开始飞速上涨。更糟糕的是，这样的网站上线以后，用户也会痛恨它。这种依赖性意味着在战略层上的

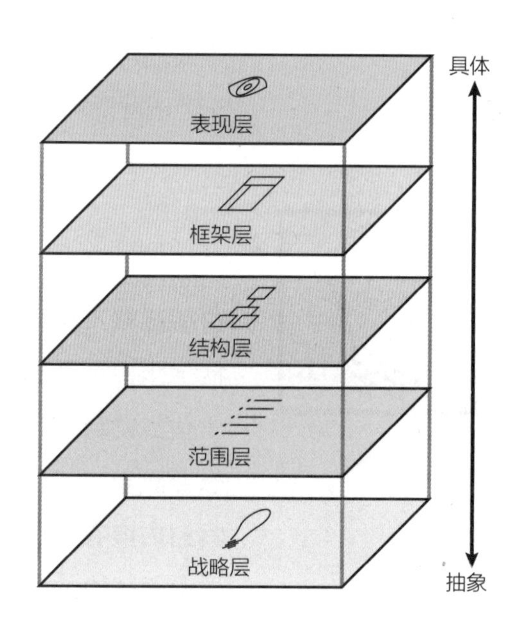

决定将具有某种自下而上的连锁效应。反过来讲，也就意味着每个层面中我们可用的选择，都受到其下面层面所确定的议题的约束。

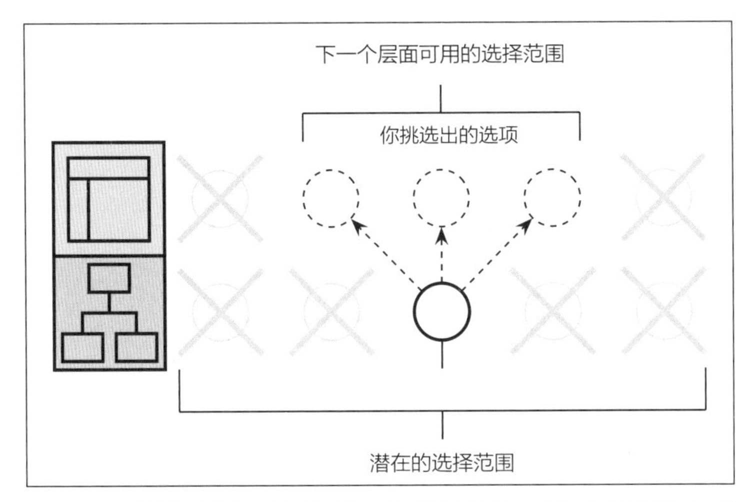

在每一个层面的决定都会影响到它上面层面的可用选项。

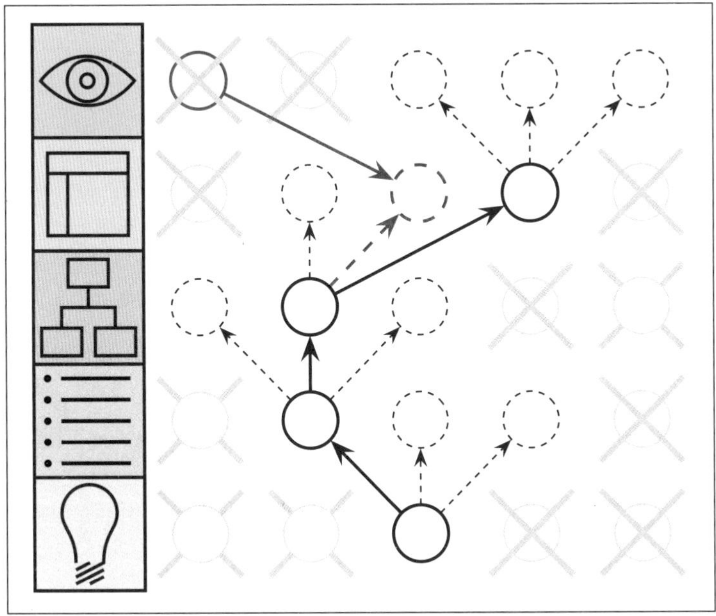

这种连锁效应意味着，在较高层面选择一个界限之外的选项，将需要重新考虑较低层面所做出的决策。

但是，这并不是说每一个较低层面的决策都必须在设计较高层面之前做出。事物都有两个方面，在较高层面的决定有时会促成对较低层面决策的一次重新评估（甚至是第一次评估）。在每一个层面，我们都根据竞争对手所做的事情、业界最佳的实践成果来做决定，这是最简单不过的老常识。这些决策可能产生的连锁效应应该是双方向的。

要求每个层面的工作在下一个层面**开始之前完成**，会导致你和你的用户都不满意的结果。

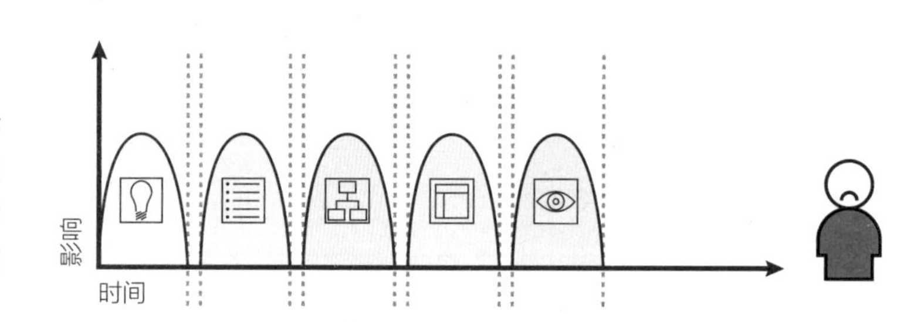

一个更好的方法是让每一个层面的工作在下一个层面**结束之前完成**。

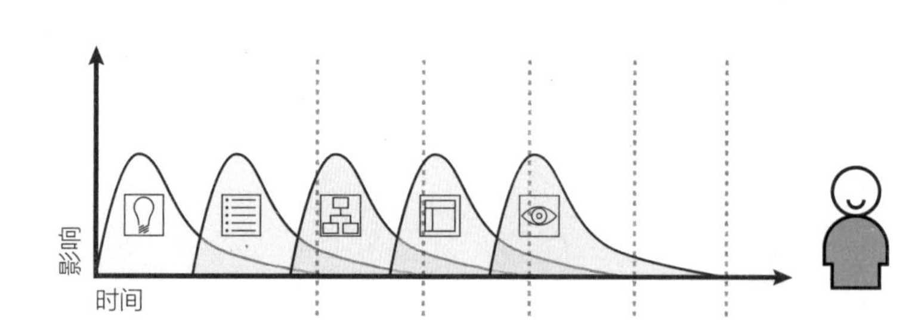

如果想在开始较高层面设计之前完全确定较低层面的话，几乎可以肯定的是，你已经把你的项目流程——也许是你最终产品的成功——扔进了一个危险的境地之中。

相反，应该计划好你的项目，让任何一个层面的工作都不能在其下层面的工作**完成之前结束**。这里最重要的一条原则是，在我们知道基本形状之前，不能为房屋加上屋顶。

基本的双重性

当然，用户体验的要素肯定不止这五个，与任何专业领域一样，这个行业也有它自己的专用术语。对于任何一个偶然进入这个领域的人来讲，用户体验可能显得非常复杂。看上去很相似的词汇有：交互设计、信息设计、信息架构。它们都是什么意思？做的是什么？或者，它们仅仅是一些毫无意义的行业术语吗？

为了进一步把事情复杂化，人们会用不同的方式来使用同样的词汇。某个人也许用“信息设计”来描述别人口中说的“信息架构”，而“界面设计”和“交互设计”有什么不同呢？它们是同一件事情吗？

当网站刚刚兴起的时候，它完全是关于信息的。人们可以创建文档，然后把它与其他文档链接起来。Web的发明者Tim Berners-Lee在最初创建Web时，是想把它当成高能物理研究人员相互沟通的一种方式。他把这项技术推向全世界，用于分享和参考彼此的发现。他知道Web的潜能会比这个大得多，但是很少有人能真正理解这些潜在能量如此巨大。

人们最初把网页当成一种新的出版媒介，但随着先进技术和新特性不断被加入网页浏览器和服务器之中，网页开始拥有更多的新能力。在网页开始变得流行，并成为一个更大的互联网社区之后，它发展了更复杂、更强大的一些功能，这些功能使网站不仅仅能传达信息，还能收集和控制信息。有了这些功能，网站变得更加互动，响应用户输入的方式也更像传统的桌面应用程序。

随着商业行为在网站上的出现，这些功能找到了一个更大的应用范围，比如电子商务、交流论坛，其中还包括了网上银行。与此同时，网页作为一种出版媒介继续蓬勃发展，不计其数的报纸和杂志网站竞相发布只用于网站的“电子杂志”。在所有网站从静态地信息收集，逐渐过渡到动态的、以数据库驱动的网站（这种网站自身也一直在发展）的同时，技术也在不断地沿着这两个方向进化。

当网站的用户体验开始形成时，它的设计者采用的是两种不同的语言。一群人把每一个问题看成“应用软件”的设计问题，然后从传统的桌面和客户端软件的角度来考虑解决方案（而这些方案的根基仍然是适用于制造各种产品的常规思路，不管是生产汽车还是跑鞋）。另一群人则从信息的发布和检索的角度来看待网站，然后从传统出版、媒体和信息技术的角度来考虑问题的解决方案。

这就造成很大的沟通障碍。当大家不能在基本的专用名词上达成一致的时候，事情很少能顺利进展。当网站既不能干脆地分类到应用程序，也不能分类到信息资源（这是一个很大的概念，似乎是一种混合品，把各个领域中的特质都集于一身）的时候，这片水域就被进一步污染了。

为了解决网页这种基本的双重性质，让我们从中间把这五个层面分开。在左边，这些要素仅用于描述**功能型的平台类产品**。在右边，这些要素用于描述**信息型的媒介类产品**。

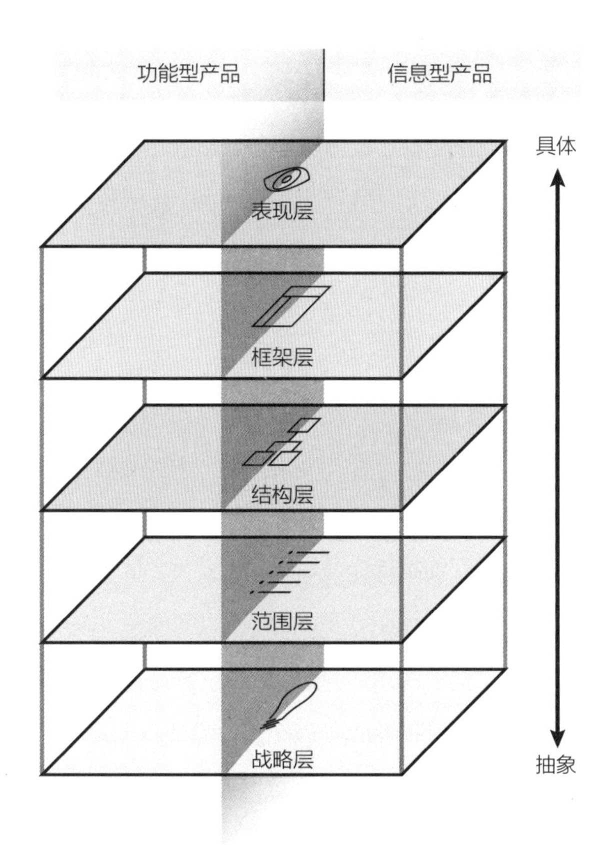

在功能型产品这边，我们主要关注的是**任务**——所有的操作都被纳入一个过程，去思考人们如何完成这个过程。在这里，我们把网站看成用户用于完成一个或多个任务的一个工具或一组工具。

相应地，在信息型产品这边，我们的关注点是**信息**——网站应该提供哪些信息，这些信息对用户的意义是什么。创建一个富信息（information-rich）的用户体验，就是给用户提供一个可以寻找、理解且有意义的信息组合。

用户体验的要素

现在，我们可以把所有混乱的词汇集放到这个模型里了。把每一个层面分成各个组成部分，通过这个方法，我们就可以仔细地看看所有这些片段是如何组合在一起，从而形成整个用户体验的。

战略层

无论是功能型产品还是信息型产品，战略层所关注的内容都是一样的。来自企业外部的**用户需求**（user need）是网站的目标——尤其是那些将要使用我们网站的用户。我们必须要了解这些用户想从我们这里得到什么，还要知道他们想达到的目标将怎样满足他们所期待的其他目标。

与用户需求相对应的，是我们自己对网站的期望目标。**产品目标**（product objective）可以是商业目的的（通过网站达到今年100万美元的销售收入），也可以是其他类型的目标（让选民了解下一届候选人的情况）。在第3章，我们将了解更多这些要素的细节。

范围层

从战略层进入范围层以后，在功能型产品一侧它转变成创建**功能规格**（functional specification）：对产品的功能组合的详细描述。而在信息型产品一侧，范围则以**内容需求**（content requirement）的形式出现：对各种内容元素的要求的详细描述。第4章将讨论这些范围层的要素。

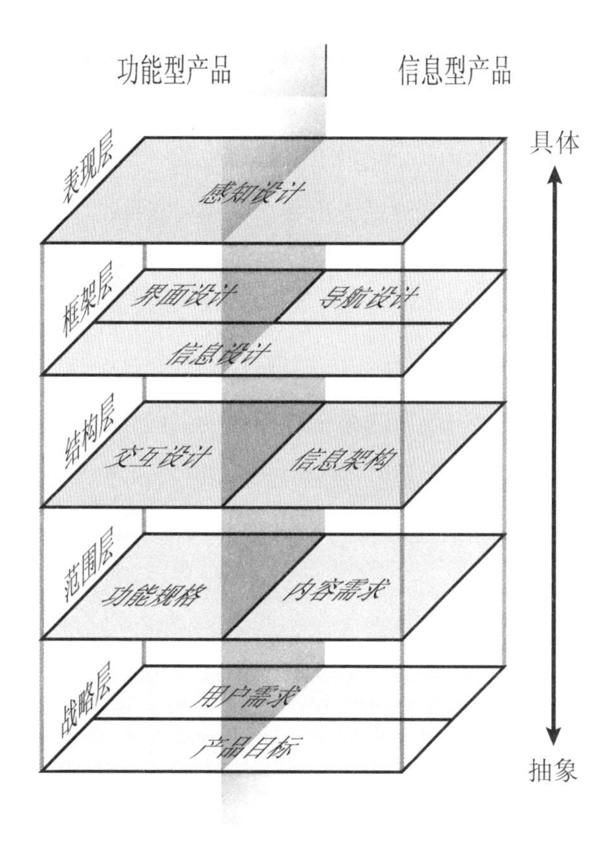

结构层

在功能型产品一侧，结构层是**交互设计**（interaction design），在这里我们可以定义系统如何响应用户的请求。在信息型产品一侧，结构层则是**信息架构**（information architecture）：合理安排内容元素以促进人类理解信息。关于结构层你将在第5章了解更多细节。

框架层

框架层被分成了三个部分。不管是功能型产品还是信息型产品，我们必须要完成**信息设计**（information design）：一种促进理解的信息表达方式。对于功能型产品，框架层还包括了**界面设计**（interface design），或者也可以说是安排好能让用户与系统的功能产生互动的界面元素。对于信息型产品，这种界面就是**导航设计**（navigation design）：屏幕上的一些元素的组合，允许用户在信息架构中穿行。关于框架层的更多内容将在第6章描述。

表现层

最后，我们还有表现层。不管是功能型产品还是信息型产品，在这里，我们的关注点都是一样的：为最终产品创建**感知体验**（sensory experience）。它做起来比说起来要棘手得多。你可以在第7章发现与之相关的所有内容。

应用这些要素

这种把用户体验划分成各个方块和层面的模式，非常有利于我们去考虑用户在体验中有可能遇到的麻烦。但是在现实世界中，这些区域之间的界限并没有那么明确。最常见的情形是，你很难鉴定某个用户体验的问题是否可以通过重视这个要素或那个要素去解决。是在视觉上玩一些小把戏就可以呢，还是要改造最基本的导航设计？某些问题要求同时重视多个区域，而另一些甚至横跨在这个模型中各个要素的边界上。

很少有产品或服务只属于这两部分之一。在每一层中，这些要素必须相互作用才能完成该层的目标。在某个层面中，不考虑其他要素的影响，单独评估你在某个要素上所做的改进产生的效果是很困难的。比如，信息设计、导航设计以及界面设计，它们共同定义了网站的框架层。所有处在同一层面中的要素都会决定最终的用户体验——在这个例子里，就是“定义网站的框架”——即使它们是通过不同的方式。

这样的组织方式使“设计用户体验”这件事更复杂了。在一些企业中，你会遇到一些被称为“信息架构师”或“界面设计师”的人。不要被这个现象搞糊涂了。这些人一般都具有很多种专业技能，这些技能包括大多数与用户体验要素有关的领域，而不仅仅是他们的职位名称所表明的那些内容。你的团队里，不一定非要一个了解各个领域的专家，只需要保证至少有一个人花一部分时间来考虑每一个议题就行了。

还有两个额外的因素，它们将会对最终的用户体验产生影响，但是在这里无法详细描述。首先就是**内容**（content）。古语说（嗯，在Web刚出现的时候）：在网页里“内容至上”。这绝对是个真理——大多数网站能提供给用户的最重要的一件东西，就是用户认为有价值的内容。

用户不会仅仅为了体验导航的乐趣而访问网站。你可以得到的内容（或你有资源去得到和管理的内容）将在你的网站中扮演非常重要的角色。在之前网上商城的例子中，也许我们决定让用户看到出售的所有书籍的封面。如果能得到这些封面的话，我们有某种方法可以给它们分类吗？可以跟踪它们的变化，以及保持更新吗？如果某本书的封面我们根本就拿不到手，这种情况要怎么处理呢？这些内容问题，对用户在网站上的最终体验非常重要。

其次，**技术**（technology）也像内容一样，对于成功的用户体验至关重要。在大多数案例中，你所能提供给用户的体验状态主要是由技术来决定的。在Web刚出现的时候，把网站和数据库连接起来的工具相当原始，而且非常有局限性。但不管怎样，随着技术的发展，数据库被更加广泛地用于网站的驱动和控制。这反过来又使得越来越精细的用户体验方法成为可能，例如，动态的导航系统就是一种根据用户在网站中的移动来改变导航的技术应用。技术总在变化，用户体验的领域必须要适应这些变化。尽管如此，用户体验的基本要素是始终不变的。

尽管用户体验要素的模型是我根据自身的网站工作经历绘制的，但也有很多人将它应用到了更广泛的产品和服务之中。如果你是一个网站工作者，本书中所有的内容都很适合你；如果你是其他高科技产品的从业人员，你会对那些熟悉的思路产生强烈的似曾相识的感觉。即使你从事的产品或服务与技术无关，也能将这些概念映射到你自己的工作过程中。

本书后面将分层来详细讨论这些要素。我们将仔细了解用于处理每一个要素的工具和技术。在这个过程中，我们将认识到这些要素是如何在一些非网站产品中发挥作用的。我们还将知道每个层面中哪些要素是共同的，是什么让它们各不相同，以及它们是如何相互影响，然后创建出一个总体的用户体验的。

03

第3章

战略层

产品目标和用户需求

成功的用户体验，其基础是一个被明确表达的“战略”。知道企业与用户双方对产品的期许和目标，有助于促进用户体验各方面战略的确立和制定。然而回答这些看似简单的问题却不像说起来那么容易。

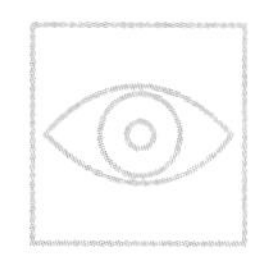
表现层

框架层

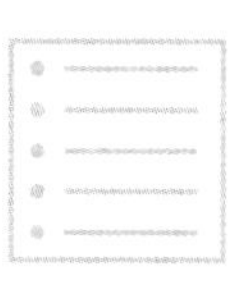
结构层

范围层

战略层

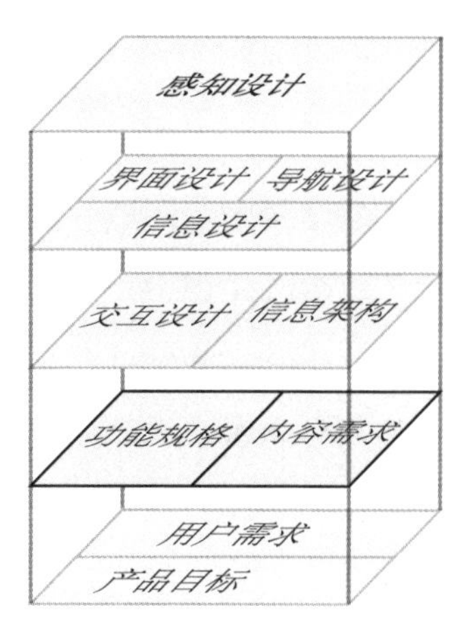

战略层定义

导致网站失败的最常见原因不是技术，也不是用户体验。网站失败的最常见原因，是在开始写第一行程序、画第一个像素，或配置第一个服务器之前，没有人试图回答下面两个非常基本的问题：

我们要通过这个产品得到什么？
我们的用户要通过这个产品得到什么？

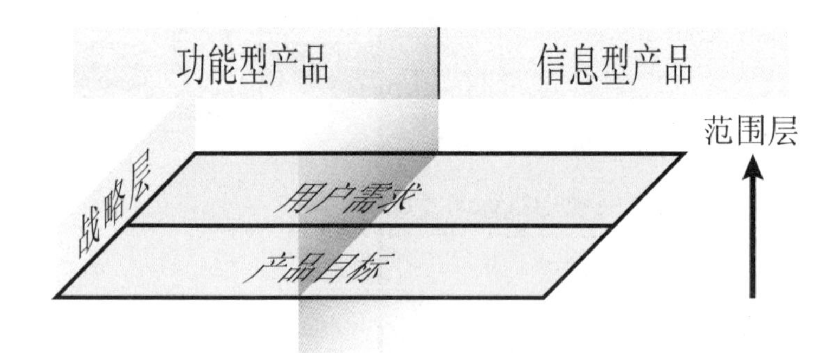

回答了第一个问题，我们才能据此描述出企业的**产品目标**（product objective）。第二个问题则提出了关于**用户需求**（user need）的问题，这是来自企业外部的目标。结合内外两者，"产品目标"和"用户需求"就组成了战略层，也就成为我们在设计用户体验过程中做出每一个决定的基础。然而，令人惊讶的是，许多用户体验项目在开始之初对于最基本的战略层并没有清楚与明确的认识。

此处的关键词是**明确**（explicit）。当我们越清楚地表达我们想要什么，以及确切地知道其他人想要从我们这里得到什么时，我们就能越精确地满足双方的需求。

产品目标

为了明确地理解战略，第一步就是检查我们自己的产品或服务的目标。产品目标经常以“只可意会不可言传”的状态存在于一小群创建产品的人当中。当产品目标无法用口头表达出来时，对于应该如何完成产品，不同的人经常就会有不同的想法。

商业目标

人们常使用像**商业目标**（business goal）或**商业驱动因素**（business driver）这样的词汇来描述内部的战略目标。我将在本书中使用**产品目标**（product objective）这个词汇，因为我认为其他词汇不是太狭义就是太广义：太狭义是因为并不是每一个内部目标都是商业目标（毕竟不是每个企业都有像商业产品那样的同类型目标），太广义则是因为这里我们最关心的是用尽可能具体的词汇来定义我们期望产品“本身”能完成的事情，其余的活动也是如此。

多数人一开始是用很宽泛的词汇来描述产品目标的。基本上，企业网站的存在是为了满足两个意图当中的一个：替公司赚钱或替公司省钱。有时它同时满足这两个意图。但为了这两个目标，网站到底应该做些什么并不总是很清楚。

相反，太具体的目标也无法充分地描述出在战略制定过程中可能发生的困难。例如，写明你的目标是“为用户提供一个实时的文本通信工具”，并不能解释这个工具要如何支持企业目标，或是它如何满足用户需求。

要想在太具体和太宽泛之间取得平衡，我们就应该避免在尚未充分了解问题之前就试图得出结论。为了创造成功的用户体验，我们必须保证我们的决策不是随便决定的——每一个我们做出的决定，都应该建立在我们确切地了解了它的影响力的基础之上。明确地定义“成功的条件”——而不是定义“通向成功的路径”——才能保证我们不会在这个阶段跑得太快。

品牌识别

对于任何一个网站，它需要明确描述的基础目标之一就是**品牌识别**（brand identity）。我们中的大部分人看到“品牌”二字都会直接联想到商标、色调和字体设计。当然这些品牌的视觉组成很重要 (我们将会在第7章深入探讨品牌的视觉设计)，不过品牌概念远远超越了视觉表现。品牌识别——可以是概念系统，也可以是情绪反应——之所以重要，是因为它无法不被用户注意。在用户与产品交互的同时，企业的品牌形象就不可避免地在用户的脑海中形成了。

你必须决定品牌形象是无意之中形成的，还是经过产品设计者有意精心安排的。

大多数企业选择对其品牌形象施加一些控制，这就是传递品牌识别是一种非常普遍的产品目标的原因。品牌不仅仅影响了商业企业——它还影响每一个有网站的组织，从非营利机构到政府部门，都是靠着用户体验来树立品牌形象的。而将品牌形象具体且明确地写进目标，将会提高呈现出积极的品牌形象的机会。

成功标准

比赛都有终点。理解你的目标，有一个最重要的部分，就是理解你要怎样才能知道“什么时候到达了终点”。

这就是**成功标准**（success metric）：一些可追踪的指标，在产品上线以后用来显示它是否满足了我们自己的目标和用户的需求。好的成功标准不仅影响项目各阶段的决策，也为衡量用户体验工作的价值提供了具体的依据。特别是当你正申请下一个用户体验项目的预算，却发现对方对用户体验的价值表示怀疑时。

有时，成功标准与网站本身和用户如何使用网站有一定的关系。用户在每一次访问网站时的平均停留时间是多少？（分析工具可以帮助你确定这点。）如果你想要鼓励用户随意轻松地发掘网站提供的服务，那么你一定希望看到单次访问的时间有所增加。相反，如果你想要提供快捷简便的信息或功能服务，那么你或许希望单次访问的时间减少。

成功标准具体显示了用户体验是否有效地达成了战略目标。在此例中，通过衡量每一个注册用户单月的访问次数表明了此网站对核心用户的价值。

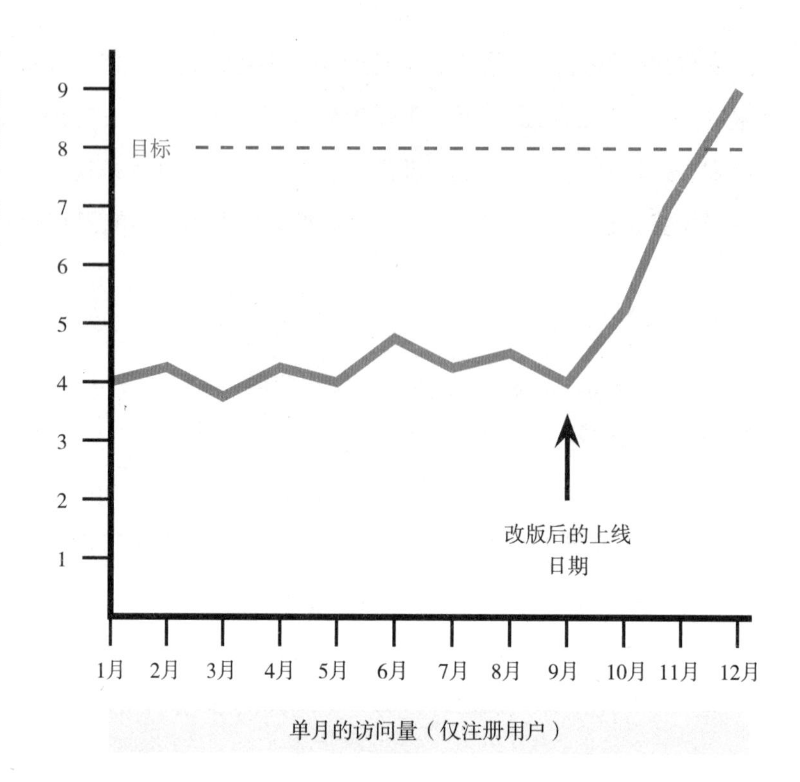

单月的访问量（仅注册用户）

对于依赖广告收入的网站，**印象**（impression）**数**——你的网站上每一个广告每天被展示的数量——是绝不可忽视的重要指标。但你必须小心地平衡这个目标和用户需求。在主页和用户想看的内容页面之间多增加几层导航，无疑会提高每个广告的印象数，但这是用户需要的吗？可能不是。长期下来，你将看到：由于用户感到挫败，他们决定不再回来，你的广告印象数将会从升势开始下跌，甚至可能跌得比原来还低。

不是所有的成功标准必须直接由网站获得。你也可以衡量对网站的间接影响。如果你的网站为用户提供产品常见的疑难解答，你的客户服务专线的电话数量应该相应减少。一个有效的内部网站可以提供工具与资源的简便途径，如此能缩短销售人员的工作时间，也就是直接转化成增加的年收益。

对驱动用户体验决策而言有意义的成功标准，一定是可以明确地与用户行为绑定的标准，而这些用户行为也一定是可以通过设计来影响的行为。当然，如果网站改版之后网上交易的每日收益跃升40%，很容易看出其间的因果关联。但是如果这些改变发生在一个更长的时间段内，就很难判定这些改变是源于用户体验还是其他因素。

例如，网站的用户体验不能为你带来新的用户——你必须依靠口碑或是市场营销来吸引潜在用户。然而用户体验能极大地影响访问者的二次访问概率。测量回访数据可能是一个很好的方法，它能分析你的网站是否满足了用户需求，但是要小心：有时候那些用户不回来是因为你的竞争对手开展了一场声势浩大的广告推广活动，或因为你的公司目前负面新闻缠身。因此，任何断章取义的标准都可能造成误解，请务必后退一步，看看除了网站之外发生了什么事，以确定你了解了事情的全貌。

用户需求

我们很容易落入这样的陷阱，即认为我们正在为理想化的用户设计产品，理想化的用户就是“某些与我们完全一样的人”。但事实上我们并不是为自己设计，而是为其他人设计，如果想要这些“其他人”喜欢并使用我们创建的东西，那么就必须要了解“他们是谁”以及“他们的需求是什么”。只有投入时间去研究这些需求，我们才能抛弃自己立场的局限，真正从用户的角度来重新审视网站。

确认用户需求是复杂的，因为用户群体之间存在着很大的差异性。即使我们设计的是一个仅供企业内部使用的网站，也仍然需要大范围地考察用户的需要。如果我们创建的是一个服务于所有消费者的手机应用，那需要考虑的各种可能性就会成倍增加。

要对这些用户需求寻根究底，必须要定义谁是我们的用户。一旦我们知道哪些人群是我们想要了解的，就可以对他们进行调研，换句话说，询问他们问题，观察他们的行为。这些研究能帮助我们了解当用户使用我们的产品时，他们想要什么，同时也能帮助我们确定这些需求的优先级别。

用户细分

可以把大量的用户需求划分成几个可管理的部分，这将通过**用户细分**（user segmentation）来完成。我们将用户分成更小的群组（或细分用户群），每一群用户都是由具有某些共同关键特征的用户所组成的。有多少用户类型几乎就有多少种方式来细分用户群，但这里所提及的是几种最常见的方法。

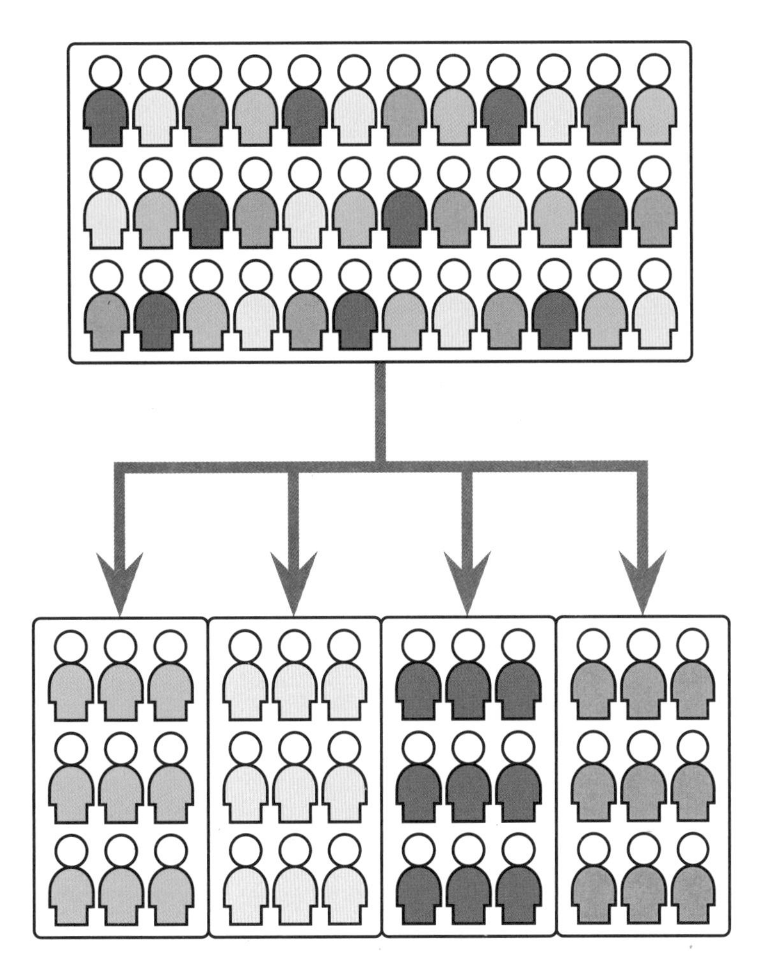

用户细分将全部的用户划分成较小的、有共同需求的小组，以此来帮助我们更好地了解用户的需求。

市场营销人员通常依据**人口统计学**（demographic）的标准来划分用户：性别、年龄、教育水平、婚姻状况、收入等。这些人口统计的数据概况可以相当粗略（男性：18～49岁），也可以非常具体（未婚、女性、大学毕业、25～34岁、年薪5万美元）。

人口统计特征并不是了解用户的唯一方法。**消费心态档案**（psycho-graphic profile）是用来描述用户对于这个世界，尤其是与你的产品有关的某个事物的观点和看法的心理分析方法。诚然，心理分析通常与人口统计特征息息相关：同样的年龄段、同一地点和同一收入水平的人们常常会有相似的观点。但是在很多情况下，按人口统计特征划分出来的同一个用户群之中，其世界观和感兴趣的事情往往不同（想一想和你曾在同一所高中上学的同学之间的差异），所以，通过消费心态档案来揭示你的用户需求，你就能得到很多无法从人口统计特征中获取的新见解。

创建网站或任何一个技术型产品时，有另一组非常重要的属性也需要考虑：用户对技术和网页本身的想法。你的用户每周花费多少时间使用网络？计算机是他们日常生活的一部分吗？他们喜欢跟技术型产品打交道吗？他们总有最新和最好的硬件，还是他们只在不得不升级的时候才升级呢？由于对技术有恐惧心理的用户和高级用户在使用网站的方式上非常不同，因此我们的设计必须要能容纳不同类型的用户群。以上这些问题的答案可以帮助我们设计出更符合用户需求的网站。

除了了解用户对于技术的熟悉程度和适应程度外，我们还需要知道他们对于网站相关内容的知识有多少。卖厨具给一般人与卖厨具给专业厨师的处理方式必须非常不同。同样，为那些不熟悉股市运作的新手设计股票交易软件和为经验丰富的投资者设计也必须有不同的考虑。这些在经验或专业程度上的不同就形成了我们细分用户群的基本维度。

人们使用信息的方式经常取决于他们的社会或专业角色。例如学生家长和那些报考大学的学生对于信息的需求就不尽相同。因而定义产品使用者的不同角色可以帮助你区别并分析他们的各种需求。

在对用户群开展了一些研究之后，你也许需要调整你的细分用户群。举例来说，如果你正在研究25～34岁、大学毕业的女性，可能会发现30～34岁年龄段女性的需求与那些25～29岁年龄段女性的需求不一样。如果差异足够明显，那么你或许需要将这两个年龄段作为单独分开的两个用户群。另一方面，如果18～24岁年龄段女性的需求与25～34岁年龄段女性的需求似乎非常相似的话，则你或许可以将其合并到一个用户群中去。创建细分用户群只是一种用于揭示用户最终需求的手段。你真正需要得到的是和你发现的“用户需求数目”一样多的细分用户群。

创建细分用户群还有其他重要的原因。不仅仅是因为不同的用户群有不同的需求，还因为有时候这些需求是彼此矛盾的。用先前股票交易软件的例子来讲，最适合炒股新手的软件，可能是那种能自动将股票交易过程分解成简单步骤的软件。然而对炒股专家而言，这样的步骤可能会妨碍他进行快速的操作。专家需要将全部的功能都集中在一个界面上，而且能快速地进入操作。

很明显，我们无法提供一种方案可以同时满足这两种用户的需求。此时，我们要么选择针对单一用户群设计而排除其他用户群，要么为执行相同任务的不同用户群提供不同的方式。不论我们选择哪一种，这个决策将会影响日后与用户体验相关的每一个选择。

可用性和用户研究

想弄明白用户需要什么，我们首先必须知道他们是谁。**用户研究**（user research）的领域致力于收集必要的信息来达成共识。

一些研究工具（比如问卷调查、用户访谈或焦点小组）最适合用于收集用户的普遍观点与感知。

至于其他的研究工具（比如用户测试或现场调查）则更适用于理解具体的用户行为以及用户在和产品交互时的表现。

一般说来，你在某个用户身上花费的时间越多，就能从这个用户研究中得到越详细的信息。然而，在一个用户身上所花费的时间越多，也意味着你不可能在用户调查中接触太多的用户（如果网站最终一定会发布的话）。

像问卷调查和焦点小组这种**市场调研方法**（market research method）是获取用户的基本信息的宝贵来源。当你能明确地表达出你试图从用户身上获得什么信息时，这些方法才能产生效果。想要知道你的用户如何使用某个产品的某个特定功能吗？或者你已经知道这些，但是你需要了解他们为什么使用该功能。这些你想要得到的信息被描述得越清楚，就能越具体、越有效地公式化你的问题，而只有这样才能确保你获得正确的答案。

现场调查（contextual inquiry）是指一整套完整、有效且全面的方法，用于了解在日常生活情境中的用户行为（因而得名）。这门技术是从考古学家在研究文化和社会学时采用的方法演变过来的。它通常应用于一个较小的范围，并且执行方法都是一样的。比如，了解某个游牧部落的运作，与了解购买飞机零件的人类行为，用的是同一种方法。现场调查的唯一缺点是它有时候会非常费时而且昂贵。但是如果你的资源充足，并且本次调查要求对用户有更加深刻的理解，则全面的现场调查可以揭示一些无法通过其他方法获知的、极其细微的用户行为。

在某种情况下，现场调查也可以用一种更轻量级、更低成本的方式来实施。只是这种方式不能像一次完整的用户研究一样获得较为深入的了解。与现场调查密切相关的另一种研究方法是**任务分析**（task analysis）。任务分析的概念是认为每一个用户与产品的交互行为都发生在执行某一任务的环境中。有时任务非常具体（譬如买电影票），而有时任务比较宽泛（譬如学习国际商务章程）。任务分析是一种仔细地分解用户完成任务的精确步骤的方法。这种任务分解可以通过用户访谈来完成，让用户讲述自己的故事，说出他们的经验；也可以通过现场调查来完成，在用户的日常生活环境中直接研究他们的行为。

用户测试（user testing）是另一种常见的用户调研方法。用户测试并不是测试你的用户；相反，它是请用户来帮忙测试你的产品。有时用户测试用于测试一个已完成的网站，也可以用于测试改版效果，或者用于在网站发布之前发现可用性的问题。另外，用户还可以测试一个正在建造中的网站，甚至是一个粗略的低保真原型。

如果你了解过任何与网站设计有关的知识，那么你就应该了解到一些与**可用性**（usability）有关的概念。这个概念对于不同的人来讲表示了不同的含义。有的人认为它是一种测试方法，主要针对具有代表性的用户来测试设计方案，而对于有的人而言，它则表示非常具体的开发方法。

所谓可用性的最终目标，都是寻找令产品更容易使用的途径。可用性的不同定义和相应规律交织在一起，形成了一些准则，这些准则表明什么才算是一个可用的网站，它们基本上是一致的。而且，它们都有一个共同的核心概念：用户需要可用的产品。这的确是所有用户最普遍的需求。

测试一个已完成的网站可以是在一个非常广泛或是非常狭窄的范围中进行。就调查问卷与焦点小组而言，在坐下来与用户面对面之前，最好对你想要了解的问题有一个清楚的概念。然而这并不意味着，用户测试必须严格地局限在“分析用户如何成功地完成某一项特定的任务”这类具体问题上，它也可以用来了解一些广泛的、非具体的问题。例如，用户测试可以用来发现网站设计的调整是否能加强或减弱公司的品牌形象。

另一个用户测试的方法是让用户测试原型。原型可以是各种形式，从纸上的草图，到低保真度的、用脚本实现的模拟界面，以及看上去像是一个已完成的产品和“可点击”的高保真原型。大型项目在不同的阶段使用不同的原型来搜集用户意见，这将贯穿整个开发过程。

有些用户测试根本不需要用产品或原型。可以招募用户来参加各种不同的活动，只要这些活动可以让你洞察用户如何看待并使用你的产品。对于由信息驱动的产品，**卡片排序法**（card sorting）用于探索用户如何分类或组织各种信息元素。给用户一沓索引卡片，每一张卡片附有信息元素的名字、描述，以及一张图像或内容的类型。然后用户根据小组或类别，依照自己感到最自然的方式将卡片排列出来。分析几位用户的卡片排列结果，就可以帮助我们了解用户对产品信息的看法。

创建人物角色

收集各种各样的用户数据将是非常有价值的，但有时候你会忽略统计数字背后所代表的真正人物。因此，通过创建**人物角色**（persona）——有时也叫作**用户模型**或**用户简介**——你可以让你的用户变得更加真实。人物角色是能代表整个真实用户需求的虚构人物。通过赋予一张人物的面孔和名字，你将用户调查及用户细分过程中得到的分散资料重新关联起来，人物角色可以帮助你确保在整个设计过程中把用户始终放在心里。

让我们来看一个例子。假设我们的网站是一个为刚开始创业的人提供信息的网站。从研究中得知，我们的大部分用户将是30～45岁的人。总体来说，我们的用户普通趋于对互联网与高科技有相当高的适应程度。有些用户甚至在商业领域有很多经验，而另一些则是第一次自己经营这样的商务活动。

在这种情况下，或许应该创建两个人物角色。我们把第一个人物角色称为Janet。她42岁，已婚并有两个孩子。她过去几年在一家大型会计师事务所担任副总裁。她不满于为他人工作，现在她想要建立自己的公司。

第二个角色是Frank。他37岁，已婚，有一个孩子。木材加工是Frank多年的周末爱好。他的一些朋友非常喜欢他制作的家具，因此他认为他可以尝试出售他的家具作品。为了开拓新生意，他正在犹豫是不是要因此放弃目前校车司机的工作。

这些信息来自哪里呢？很大程度上是我们编造的。我们希望人物角色与我们从用户研究中了解的内容保持一致，但是为了使人物角色更加栩栩如生，他们的一些具体细节可以是虚构的。

当我们决定产品用户体验的设计时，必须要谨记Janet和Frank所代表的不同用户群的需求。为了帮助我们记住他们和他们的需求，我们要找出一些合适的照片来让Janet和Frank的形象更加鲜明，然后将他们的相关信息与这些照片合并到一起。这些人物角色档案可以印出来并且张贴在办公室周围，这样当我们要做决定时，可以问自己："那会对Janet有用吗？Frank会有什么反应呢？"人物角色能帮助我们在前进的每一步都时时记着用户。

在用户体验设计的过程中，人物角色是从用户研究中提取出的可成为样例的虚构人物。

Janet

"我没有时间去整理大量的信息，我需要快速找到答案。"

Janet对企业的环境感到很失望，想开一家自己的会计师事务所。

年龄：42
职业：会计师事务所的副总裁
家庭：已婚，两个孩子
家庭年收入：$140 000
喜欢的网站：WSJ.com

技术概况：对技术相当熟悉；Dell笔记本电脑（大约使用了一年），Windows XP；DSL接入；每周上网8～10小时。
互联网使用：75%的时间在家使用；新闻和资讯，购物。

WSJ.com

Salon.com

Travelocity.com

Frank

"这些事情对我而言很新鲜。我想要一个能解释所有细节的网站。"

Frank想知道如何才能将他制作家具的个人爱好变成一门生财之道。

年龄：37
职业：校车司机
家庭：已婚，一个孩子
家庭年收入：$60 000
喜欢的网站：ESPN.com

技术概念：多少有一点技术恐惧；Apple iMac（大约使用了两年），Mac OS 9；拨号接入；每周上网4～6小时。
互联网使用：100%的时间在家使用；娱乐，购物。

ESPN.com

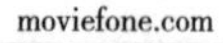
moviefone.com

eBay.com

团队角色和流程

战略问题影响参与用户体验设计过程的每一个人。但是，即使事实是这样（或许就因为它），明确这些目标的责任人也常常是受到争议的。咨询公司有时会找一个**战略专家**（strategist）帮助客户处理项目中的这些问题——但由于聘请这类稀缺的专家通常非常昂贵，同时战略专家并不直接负责建设网站的任何一部分，这项支出就常常成为第一个被裁减的项目预算。

战略专家会与企业内部的许多人谈话，尽可能全面地收集大家对于产品目标与用户需求问题的不同看法。**决策层**（stake holder）是一群资深的决策者，他们管理那些会影响产品决策的部门。例如，该产品是为了提供给顾客进入在线产品支持信息而设计的，决策层可能就会包括市场销售部门的代表、客服部门还有产品经理。它取决于企业在做决策制定时的正式流程（以及那些难以言喻的政治现状）。

在拟定决策时有一群人经常被忽略，那就是普通员工——这些人负责让企业每天正常运作。这些人通常比他们的经理更知道“什么行得通”和“什么不可行”——特别是在用户需求方面。没有人比那些每天跟客户交谈的人更明白客户遇到的困难是什么的了。我经常很惊讶地发现，用户的反馈很少能传递到需要这些信息的产品开发团队中去。

产品目标和用户需求经常被定义在一个正式的**战略文档**（strategy document）或**愿景文档**（vision document）中。这些文档不仅仅是列出目标清单——它提供不同目标之间的关系分析，并且说明这些目标要如何融入更大的企业环境中。这些目标和对它们的分析通常取决于决策者、普通员工和用户自己的直接意见。这些意见生动地说明了项目中的战略制定问题。用户需求有时被记录在一个独立的用户调研报告中（将所有信息集中在一个地方有某些好处）。

撰写战略文档时，文档并不是越多越好。你没有必要把每一个数据来源和相关的意见都写出来以表达你的观点，让文档简洁明了并切中要点即可。请记得，许多将要阅读此文档的人不会有时间或兴趣翻阅上百页的参考资料，与其让他们惊讶于你交付的文档的重量，还不如让他们直截了当地理解这些战略更重要。一个有效的战略文档不仅可以在用户体验开发团队中起到试金石作用，还可以成为企业其他部门的项目支持文档。

不让你的团队阅读战略文档是很糟糕的。战略文档并不是创建出来被藏到某个地方，或只与少数几个资深员工分享的——如果这些努力想要得到回报的话，在项目进行期间，此文档就必须被频繁地使用。所有参与者（设计师、程序员、信息架构师、项目经理）需要这份战略文档，以帮助他们在工作中做出正确的决定。战略文档通常包含敏感的资料，但仅仅因为这个就不告知应该理解战略目标的团队，只会破坏他们理解这些事情的能力。

战略应该是设计用户体验的流程中的起点，但那不意味着在项目开始之前你的战略需要完全确定下来。虽然设法击中一个移动的目标可能会浪费很多时间和资源（更不用说极大的内心挫折感），但是战略也应该是可以演变和改进的。当战略被系统地修改与校正时，这些工作就能成为贯穿整个过程的、持续的灵感源泉。

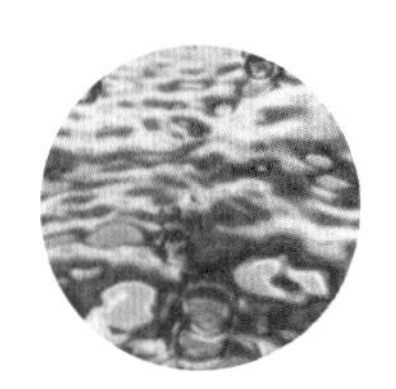
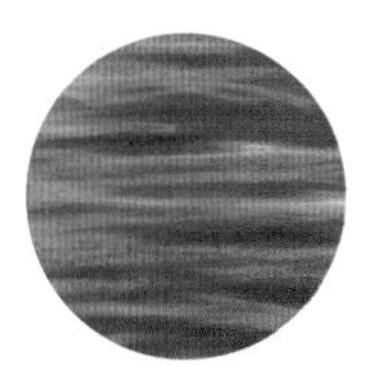

04

第4章

范围层

功能规格和内容需求

表现层

框架层

结构层

范围层

战略层

带着“我们想要什么”“我们的用户想要什么”的明确认识，我们才能弄清楚如何去满足这些战略的目标。当你把用户需求和产品目标转变成产品应该提供给用户什么样的内容和功能时，战略就变成了范围。

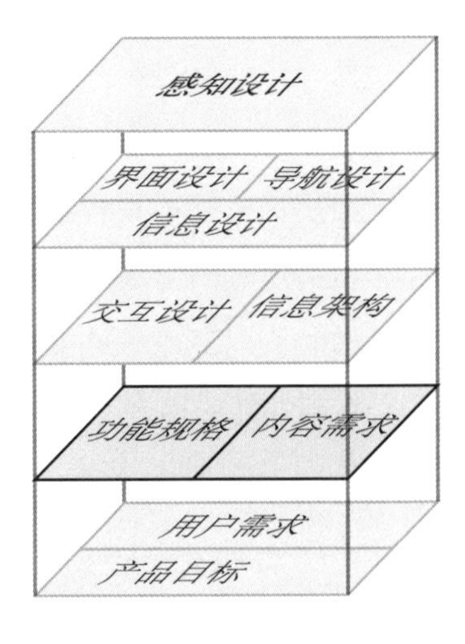

范围层定义

我们做的某些事是因为其过程具有价值，就像慢跑或练习钢琴一样。而我们做的另一些事是因为其产品具有价值，就像做一块蛋糕或修理一辆汽车一样。定义项目范围则同时在做这两件事：这是一个有价值的过程，同时能产生有价值的产品。

过程（process）的价值在于，当整个事情还处于假设阶段的时候，它能迫使你去考虑潜在的冲突和产品中一些粗略的点。我们能确定现在解决哪些事情，而哪些必须要再迟一点才能解决。

产品（product）的价值在于，被定义的产品给了整个团队一个参考点，明确了项目中要完成的全部工作，它也提供了一门用于讨论这件事情的共同语言。定义好你的要求能保证在设计过程中不出现模棱两可的情况。

我曾经设计过一个似乎永远是Beta版的Web应用系统：差不多，但还是没准备好向真正的用户推出。用我们的方法去做的许多事情都是不对的——技术不稳定，我们好像根本不了解用户，同时我是整个企业中唯一一个在Web开发方面有一些经验的人。

但是这些都不是导致我们不能推出这个产品的真正原因。这个项目最大的绊脚石是没有一个人愿意去定义需求。毕竟，当我们所有人都在同一个办公室里工作时，记下每一件事是很麻烦的。除此以外，产品经理还需要把他的精力集中在新功能的思考上。

这样做的结果，就产生了一个不断变化的、混合了完整产品的各个阶段功能的产品。只要有人读到一篇新文章或一个新的想法，就会启发这个产品负责人的灵感，然后他会考虑增加另一个功能特性。我们倒是有一个固定的**工作流程**（working flow），但是没有**日程安排**（schedule），没有**里程碑**（milestone），项目也看不到尽头。因为根本就没有人知道这个项目的范围，又怎么能知道它应该在什么时候结束呢?

用文档来定义产品需求，这件事很麻烦，但是你必须要做。这里有两个主要原因。

原因1：这样你才知道你正在建设什么。

这似乎很明显，但是它对于正在开发某个产品应用程序的团队却是一个惊喜。如果详细地记录下你正在建设的内容，每一个人就会知道这个项目的目标是什么，什么时候将达到这个目标。最终产品不再是一个只停留在产品经理头脑里的不定型的图像，它变成了一个企业内部每一个级别的每一个人都触手可及的东西，从高层管理人员到入门级的工程师，人人都能参与进来。

如果没有文档的要求，你的项目很可能会变成一个叫作“电话”的校园游戏——团队中的每一个人都有各自关于产品的想法，然后通过口口相传的方式传递出去，每个人的描述都略有不同。甚至更糟的可能是，每个人都认为别人肩负着设计和开发产品关键环节的责任，但事实上这个人并不存在。

拥有一系列明确的要求，能让你把责任分配得更清晰，这可以大大提高协作的效率。在了解了一个详细策划的完整范围之后，你就可以看到各个相对独立同时不显著的要求之间的内在联系。举个例子来讲，在早期的讨论中，支持文档和产品规格说明表可能看起来像是独立的功能内容，但是把它们作为要求确定下来，会让这种有所交叠的事情更加明显，并且同一个小组的人可以把它们都承担起来。

原因2：这样你才知道你不需要建设什么

许多功能听上去都相当诱人，但是它们对于项目的战略目标并不是必需的。此外，在项目开始如火如荼地进行时，所有关于功能的可能性都会浮现出来。当这些想法出现的时候，用一个文档来记录它们，可以为你提供一个评估这些想法的架构，帮助你了解它们如何（或是否）满足你当初承诺要做的那些事。

了解你“不需要做什么”也就意味着知道哪些是你“不需要马上去做”的东西。把这些杰出的想法收集起来，找到一种适宜的方式，让它们符合你的长期规划，才是真正的价值所在。确定具体、系统的发展要求，并将任何不符合这些要求的想法作为潜在的未来功能囤积起来，只有通过这种更慎重的途径，你才能真正管理整个设计过程。

如果你不能有意识地管理你的要求，你将陷入可怕的**范围蠕变**（scope creep）中，这个词总会让我想起一个景象：一个雪球向前滚了一英寸（接着又是一英寸），每一次滚动都会捎带上更多的雪，直到它冲到山脚下。在这个过程中，雪球变得越来越大，你越来越难以阻止它。与这个景象相同，每一个额外的要求看上去并没有增加太多的工作量，但是当它们汇集到一起的时候，你的整个项目就会失去控制地膨胀，结束时间遥遥无期，而费用预算也不可避免地朝着最终的分崩离析飞奔而去。

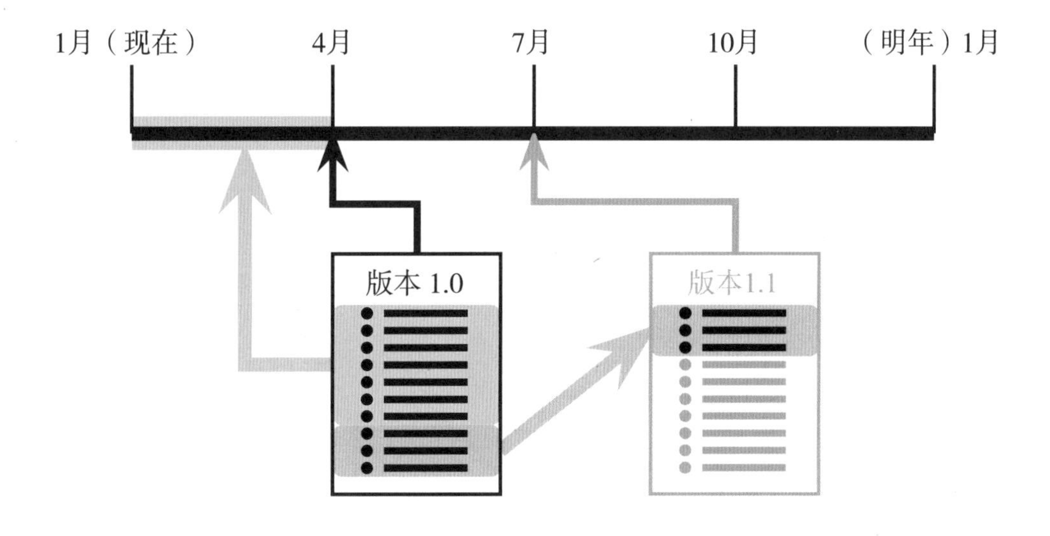

当前难以满足的需求，可以成为启动下一个版本的基础，这样就能形成一个不断循环的开发过程。

功能和内容

在范围层，我们从讨论战略层面的抽象问题——“我们为什么要开发这个产品？”——转向面对一个新的问题：“我们要开发的是什么？”

在这里，范围层被“功能型产品”和“信息型产品”分成两个部分。在功能型产品方面，我们考虑的是**功能规格**（functional specification）——哪些应该被当成软件产品的功能以及相应的组合。在信息型产品方面，我们考虑的是内容，这属于编辑和营销推广的传统领域。

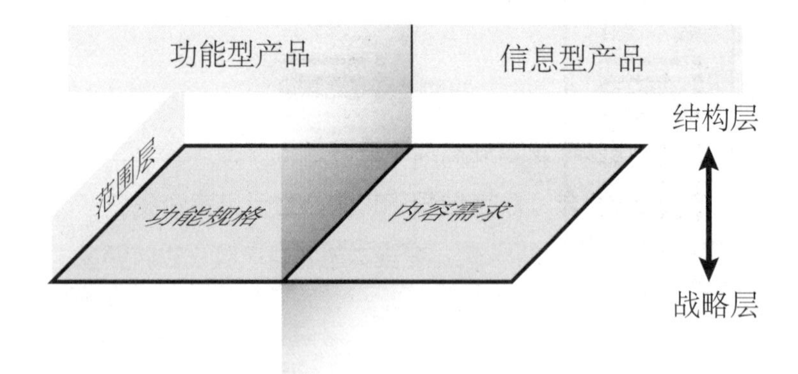

内容和功能看上去很像是两个完全不同的事物，但是在定义范围层的时候，它们所用的方式是非常相似的。在本章中，我将使用一个词**特性**（feature）来同时表示软件的功能和所提供的内容。

在软件开发中，范围层确定的是全部的功能需求或**功能规格**。有些企业用这些术语来表示两种不同的文档：在项目初期，这个词表示需求，描述系统应该做什么；在项目末期，这个词表示功能规格，描述系统真正完成了什么。在这种定义中，“功能规格”在“功能需求”确定之后才开始撰写，同时将加入具体的实施细节。

但是大多数时候，这两个术语是可以互换的——事实上，有些人使用**功能需求规格**来表示他们的文档覆盖了以上两者的内容。我将使用**功能规格说明书**来描述文档本身，而用**需求**来描述文档的内容。

本章所使用的词汇大部分和软件开发所使用的词汇一样。但是这里的概念同样适用于内容开发。内容开发不像软件过程的需求收集那样，总是那么正式，但其基本原则是一样的。内容设计者要坐下来仔细考量各种资料的来源，不管是一个数据库还是满满一抽屉的剪报，然后才能决定哪些信息必须纳入设计范围之内。这种定义**内容需求**（content requirement）的过程，实际上与技术专家和董事会集体商议功能需求并回顾已有的文档记录没有本质区别，两者的意图和方法是一样的。

内容需求常常伴随着功能的需求。现在，真正的内容常常是通过一个**内容管理系统**（Content Management System，CMS）来进行管理的。这些系统大小不一，大的系统能根据众多不同的数据来源动态生成页面，庞大而复杂；小的可以是一个很轻巧的工具，能以最高效的方式来优化并管理各种类型的内容专题。你有可能会去购买一套专用的管理系统，或从众多开放源代码的备选方案中挑一个，甚至还想从零开始自己做一个管理系统。不论采用哪种方式，在大部分情况下，你都必须对这个系统进行一些简单的修补，从而使系统满足你的企业和内容的需要。

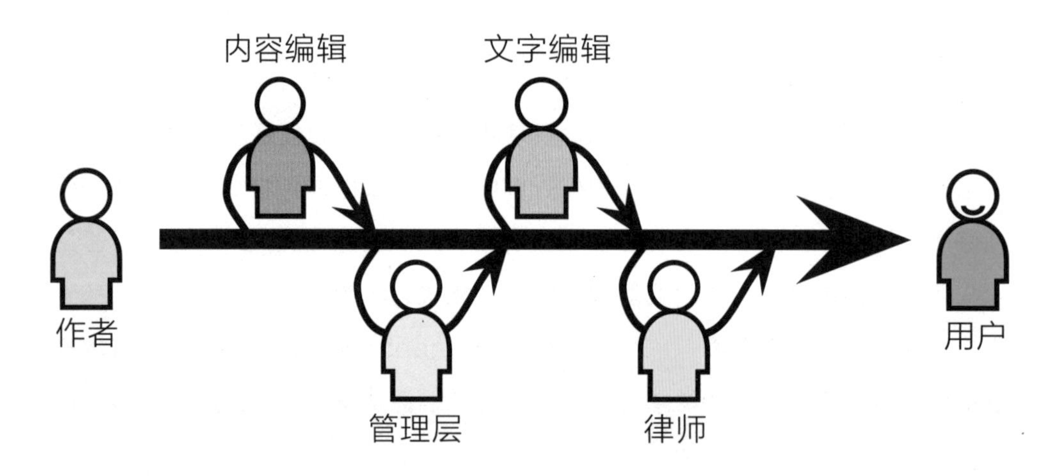

一个内容管理系统可以实现自动化流程，能展示和交付内容给用户。

内容管理系统必备的功能取决于你将要管理的内容的性质。你是否需要维护多语言的文字内容？内容的基础数据是否自带格式？CMS就需要具有处理这些内容元素的能力。你的每一篇新闻稿是否必须要通过六个执行副总裁和一个律师的审核？CMS就需要在流程中支持这些需求。你的内容元素是否要根据每一个用户的喜好或访问终端来动态地组合？CMS就必须能完成这类高级别的复杂输出。

类似地，功能需求或任何一种技术类产品也常常伴随着内容的需求。在“个人喜好设置”的页面中需要有使用说明吗？需要有错误提示吗？必须要有个专门的人来写这些内容。每当我看到网页上出现类似“无效输入”的错误提示时，我就知道这种文字是出自开发工程师之手，并成了最终产品，因为没有人把这些错误提示纳入内容需求中。而事实上，如果开发者能花一点点时间让某些人看一看应用程序中的内容的话，无数的技术项目就会因此得到极大的改善。

定义需求

一些需求适用于整个产品。品牌需求是最常见的一种；某些技术需求，比如支持浏览器和操作系统，是另一种。

另一些需求只适用于特殊的特性。大多数时候，当人们说到某种需求的时候，他们想的是产品必须拥有的某种特性的一句简短描述。

需求的详略程度常常取决于该项目的具体范围。如果该项目的目标是完成一个复杂的子系统，那么就需要有一个非常详细、明确的需求，即使这个项目的范围相对于整个网站来讲非常小。相反，一个大型项目，它的内容也许只是相似或相同性质的东西（比如提供大量功能相似的产品说明书的PDF文件），那么内容需求只需要一般化。

最用之不竭的需求源泉总是用户本身。但更多的时候，你的需求来自与项目利益相关的同事——那些在企业中总想影响你的产品的人。

不管是哪种情况，去了解“人们在想什么”的最佳途径就是直接询问他们。第3章列出的用户研究技术都可以用来帮助你更好地了解用户，了解他们希望在你的产品上看到什么类型的特性。

不管你是从企业内部的管理者还是直接从用户处获得帮助来定义需求，这个过程中得到的需求将分成三个主要类别。首先，最显而易见的是人们讲述的他们想要的东西。这中间有一部分是非常清晰的好想法，会通过各种途径体现在最终产品上。

有时候人们口中说出来的、所期望的特性其实并不是他们想要的，当人们在某个过程或某个产品中遇到一些困难时，想象有某种办法可以解决这一困难，这对任何人来讲都是很正常的反应。有时这个解决办法是行不通的，或者仅仅是治标不治本的办法。通过与用户探讨这些建议，你有时候可以得出能真正解决问题的完全不同的需求。

在这个阶段能得到的第三种类型的需求是人们不知道他们是否需要的特性。当你让人们讨论新的需求和战略目标时，他们有时会突然想起某个伟大的构思，而根本忘记了那个正在维护中的产品。这些通常会在头脑风暴讨论的时候出现，那正是与会者有机会参与和探讨项目的可能性的时候。

具有讽刺意味的是，那些很少去想象产品新方向的人，恰恰是参与创建和设计产品最深入的人。当你把所有的时间都投入到维持现有产品时，你经常会忘掉哪些是真正的限制条件，而哪些是为了简化产品而曾经做过的选择。由于这个原因，汇集企业各个部门的成员或不同类型的用户代表来进行头脑风暴会议，是一种打开设计者思路，让他们考虑以前从未想到的可能性的非常有效的工具。

让一个工程师、一个客服人员、一个营销人员坐到一间会议室中谈论同一个产品，对大家都有启发意义。听取从自己不熟悉的角度出发来考虑的对于产品的观点，并给予反馈，可以鼓励人们多角度、全方位地思考开发中的产品遇到的问题以及解决办法。

不管你设计的产品在什么样的设备上使用（或者我们正在设计的就是那个设备），我们的需求序列必须要考虑到硬件需求。这个设备有摄像头吗？有GPS吗？有陀螺感应指针（一种用来测量或保持设备坐标信息的装置）吗？这些因素都将会确立或限制产品功能的可能性。

通过这种方式讨论出来的功能需求通常是得到如何去除某些障碍的方法。举个例子来讲，假设你有一个用户已经决定要购买了——他们只是没有决定是否买你的产品，你设计的产品要怎样才能让这个过程（首先是选择你的产品，然后买下它）对他们来讲更容易呢？

在第3章，我们看到有一种叫作**人物角色**（persona）的技术，即通过创建虚拟人物来帮助我们更好地理解用户需求。在决定功能需求的时候，可以再次使用这些人物角色，把我们的虚拟人物放到一个简短的故事之中，称之为**场景**（scenario）。一个场景是一个简短的故事，简单描述了一个人物角色会如何完成用户需求。通过“想象我们的用户将会经历什么样的过程”，我们就可以找到能帮助他顺利完成这个过程的潜在需求。

我们也期望从竞争对手处得到一些启示。任何一个在做同一件事的企业基本上在试图满足同样的用户需求，同时也在试图完成相似的产品目标。竞争对手是否找到一种特别有效的特性，能完成其中的某个战略目标？他们是如何权衡和调整我们所面对的那些问题的？

即使不是产品的直接竞争对手，也能提供丰富的潜在需求。例如一些游戏平台允许用户创建自己人的社交群组，那么在我们的数字录像软件上采用相似的特性或建立类似的机制，也许就能给我们带来一定的竞争优势，从而超越直接竞争对手。

功能规格

功能规格在某些方面的名声不太好。程序员痛恨功能规格说明书，因为它们非常枯燥，并且会占用大量编码的时间去阅读它们。结果，那些“没有人读的功能规格说明书”反过来又强化了“撰写它们是一件浪费时间的工作”的印象——事实上也正是如此！一个应用不当的功能规格说明书就这样变成了自我应验的预言。

对功能规格的抱怨之一是它们没有反映实际的产品。“在实施过程中事情会发生变化”，每个人都理解这一点——这是技术型工作的正常情况。有时候你考虑好的一些事情会行不通，或不大可能以你想象的方式来运作。无论如何，这并不是把撰写功能规格说明书当成一件失败的工作而放弃的理由。相反，它强调了一个真正起到作用的功能规格说明书的重要性。当事情在实施过程中改变的时候，你不应该举起你的双手宣称撰写功能规格说明书是没有价值的，不要把它变成产品开发过程中一个独立的项目，而是应该让撰写的过程变得快速简便。

换句话说，文档不能解决问题，但定义可以。我们需要的不是文档有多厚或多详细，而是要足够清楚和准确。功能规格说明书不需要包含产品的每一个细节——只需要包含设计或开发过程中有可能混淆的功能定义。同时功能规格说明书也不需要展望产品未来的理想化状态——只需要记录在创建这个产品时已经确定下来的决议。

记下来

无论项目有多么庞大或多么复杂，有几条规则适用于撰写任何类型的功能规格说明书。

乐观（be positive）。描述这个系统将要做什么事情去“防止”不好的情况发生，而不是描述这个系统“不应该”做什么不好的事情。比如，下面这句描述就不太好：

这个系统不允许用户购买没有风筝线的风筝。

替换成下面这句会更好：

如果用户想买一个没有线的风筝的话，这个系统应该引导用户到风筝线页面。

具体（be specific）。尽可能详细地解释清楚状况，这是我们决定一个功能是否被实现的最佳途径。

对比下面的例子：

1. 最受欢迎的视频要重点标注。
2. 上一周被播放最多的视频要显示在列表的最前端。

第一句话看上去像是定义了一条明确的需求，但是不需要花费太大精力就能看出它有很多漏洞。什么叫作“最受欢迎”？如果这个视频的评论最多，是否就“最受欢迎”了呢？那么被投票最多的那个视频也算吗？另外，如何 “重点标注”它们？

第二句话用具体的细节清楚地定义了我们的目标，定义了我们认为什么算“最受欢迎”，并且描述了关于“重点标注”的机制。

避免主观的语气（avoid subjective language）。这是另外一种使需求“保持明确”和“避免歧义”的途径——因而也避免了误解的可能性。

这里有一个非常主观的功能规格说明书：

这个网站的风格应该是时尚、闪耀的。

功能规格必须可验证——它必须要能证明“这个需求没有得到满足”。你如何去验证这种被宣称为“时尚”和“闪耀”的产品品质？我对于时尚的定义也许并不符合你的要求，而CEO更可能对此有完全不同的看法。

这并不是说你不能要求你的网站时尚，只是必须找到某种方式来明确说出应该达到的标准：

这个网站应该符合邮递员Wayne所期望的时尚要求。

Wayne通常不会对这个项目说些什么，但是我们的项目发起人很显然会尊重他对于时尚的看法。而且这有可能和我们的用户的期望值是一样的。但是这样的一个需求仍然是很主观的，因为我们依赖的是Wayne的认同，而不是可以更客观界定的一系列标准。所以，这个功能规格说明书最好能像这样：

网站的外观应该符合企业的品牌指南文档的要求。

时尚的概念已经完全从这个需求中消失了。相反，我们得到了一个清晰的、毫不含糊的、已有的参考指南。为了确保品牌指南有足够的时尚性，负责市场的副总裁可能需要去了解邮递员Wayne，或者去和她十几岁的女儿交流，甚至她还可能做一些用户调研的工作。如何做完全取决于她。但是现在我们可以明确地说出“这个需求是否得到满足了”。

我们也可以量化地定义一些功能，通过这样的手段来避免主观性。正如成功的标准能使战略目标得以量化一样，用量化的标准来定义功能也有助于知道我们是否满足了需求。比如，要求系统具有“高级别的执行能力”，我们可以用“要求这个系统的设计至少要支持10 000个用户同时使用”来代替。如果最终产品只能支持千位数的用户，我们就知道这个需求没有得到满足。

内容需求

很多时候我们说到的内容指的是文本。但是图像、音频和视频有时候可能比文字还要重要。这些不同类型的内容可以结合到一起，相互协作去满足某个需求。比如说，一个涵盖了运动赛事的内容专题，可能是一篇附有照片的文章以及视频片段。定义出所有不同类型的内容，可以帮助你确定需要哪些资源来制作这些内容（或它们是否应该被提供）。

不要混淆某段内容的格式和它的目的。当我和管理层讨论内容需求的时候，所听到的第一件事往往是："我们应该有FAQ（Frequently Asked Questions，常见问题）。"但是FAQ这个词仅仅指的是内容的格式：一系列简短的问题和回答。一个FAQ给予用户的真正价值在于，它可以随时提供用户普遍需要的信息。其他的内容需求也可以满足同样的目的，但是当关注点是格式时，目的本身就可能被遗忘。多半的结果是，FAQ忽略了这个词汇中"常见"两个字，内容设计者总是用其他一些问题的答案替代能真正满足FAQ需求的答案。

内容特性想要达到的规模，将对你所做出的用户体验决策产生极大的影响。内容需求应该提供每一个特性规模的大致预估：文本的字数、图片的像素大小、下载的文件字节、PDF或音频文件等相对独立元素的大小等。这些大小的估计不一定要非常精确——相近即可。我们只收集最紧要的关键资料，以设计适当的工具来管理内容。设计一个只有小缩略图图片的产品，与设计一个提供原始尺寸图片的产品是完全不一样的。事先知道这些内容元素的大小，能让我们在设计过程中做出最明智的决策。

尽早地确定某个人来负责每一个内容元素也是非常重要的。一旦某个内容特性得到大家的认可，确定其对战略目标是有效的，它就会不可避免地被当成一个好主意——只不过是别人来负责建设和维护它。如果我们在没有确定谁负责这些内容需求的情况下，过早、过多地投身到开发流程中去，那么最后我们得到的很可能就是一个千疮百孔的产品，因为那些在假想阶段人人都喜欢的特性，将在实际执行的时候变得非常沉重。

而这正是人们在确定需求的时候常常忘记的事情：内容是一件艰苦的工作。也许你可以找一些合作的资源来为网站的初次上线及时地准备好一些内容（或者，更有可能指定某个市场人员来完成这个工作），但是谁来更新它们呢？内容（应该说是有效的内容）需要日常维护工作。如果在做内容规划的时候，你认为它们只需要发布一次，之后再也不用更新的话，那么随着时间的推移，这个网站就会越来越难以满足用户的需求。

这就是你应该定义每一个内容特性的“更新频率”的原因。更新频率应该来自产品的战略目标：从你的网站目标来看，你希望用户多长时间来访问一次？从你的用户需求来看，他们希望多长时间更新一次信息？无论如何，要记住，对于你的用户而言较为理想的更新频率（“我要马上了解每一件事，24小时服务！”）也许对你的企业来说不切实际。但你必须要确定一个频率，它是介于你的用户期望值和有效资源之间的一个合理的中间值。

如果你的网站是为各种拥有相异需求的用户服务的，搞清楚哪些用户想要哪种内容，能帮助你决定用什么方式来呈现这些内容。“为孩子们准备的信息”与“为他们的父母准备的信息”是两种完全不同的方式，而“为所有人准备的信息”则应该是第三种处理方式。

对于那些已有大量内容的项目而言，很多关于内容的信息都记录在一个**内容清单**（content inventory）中。整理一个现有网站中所有内容的清单看上去像是一件枯燥无味的事——确实也是如此。但是整理出这个清单（它通常采用一种简单的格式，即使是一个非常庞大的电子表格）是很重要的，其原因和我们必须要搞清楚具体需求一样重要：这样团队中的每个人才能确切地知道他们设计用户体验需要做哪些工作了。

确定需求优先级

收集潜在的需求或想法不是很困难。几乎每一个经常接触产品的人（不管他们是企业内部的人还是企业外部的人）都能说出至少一个“这个产品应该增加哪些特性”的想法。最棘手的部分是排列出哪些功能应该包含到你现在的项目中去。

在战略目标和需求之间，你几乎看不到一对一的简单关联。有时一个需求可以满足多个战略目标。同样，一个战略目标也常常产生多个不同的需求。

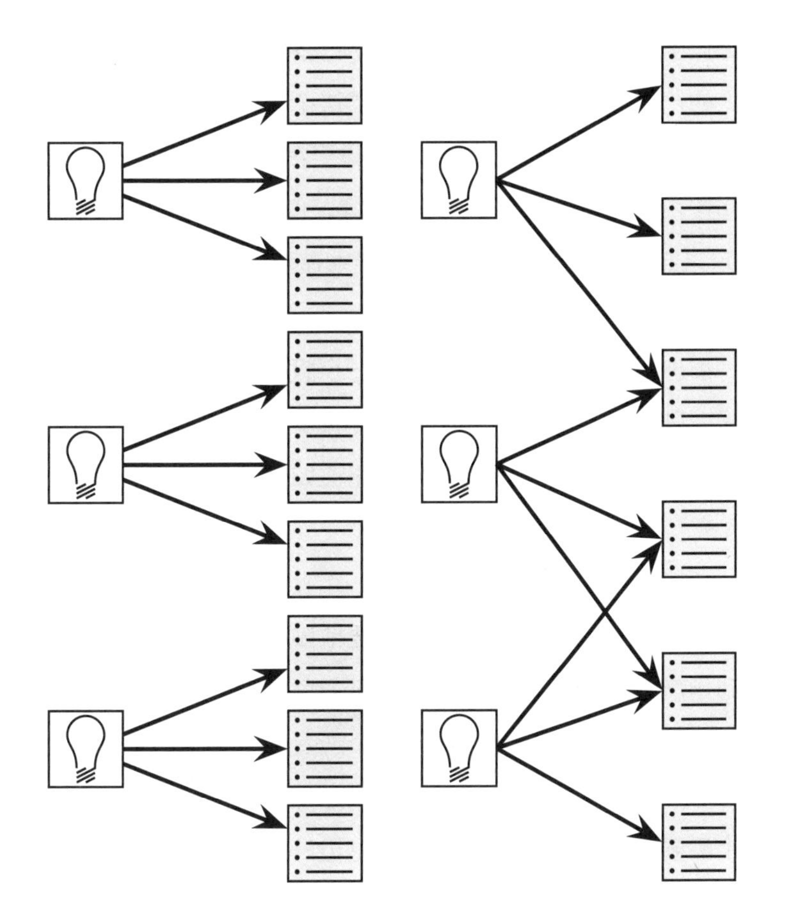

有时一个战略目标将产生多个需求（左图）。另一方面，一个需求也可以满足多个战略目标（右图）。

由于项目范围是建立在战略层的基础上的，因此我们应该去评估这些需求是否能满足战略目标（无论是网站目标还是用户需求）。除了这两种目标，我们还要额外确定第三种范围：实现这些需求的可行性有多大？

有些特性可能会因为技术上的局限而无法实现—举个例子来说，现在还完全没有办法让用户闻到网页上的产品，无论他们是如何渴望这个功能。另外一些特性（尤其是内容方面的）之所以不可行，则是因为它们需要很多资源去做（无论是人力还是财力），这超出了我们的能力范围。而有时候，仅仅是因为时间不够：这个特性需要花费3个月来完成，但是企业的管理层要求在两个月以后上线。

如果是因为时间有限，那你可以把这个特性放到下一个版本或下一个项目里程碑中。如果是资源有限，则技术或企业的变化有时能减少资源的负担（但是重要的是，并不总是），从而使某个特性得以实现（无论如何，不可能的事情仍然不可能实现，这很遗憾）。

很少有功能是独立存在的。甚至产品的内容也必须要依赖其他特性的支持，并告诉用户怎样最好地利用产品所提供的内容。这不可避免地导致特性之间的冲突。有些特性要和其他特性一起权衡，才能得到一个连贯的、统一的产品。举例来说，一些用户也许想要一步提交订单的过程—但是网站所使用的、混乱的老数据库无法满足这个需要。采用多个步骤的流程是更好的办法，也许你可以重新设计数据库系统？这完全取决于你的战略目标是什么。

留意那些看上去有可能需要改变战略的特性建议，它们在制定愿景文档期间并不明显。任何不符合当前项目的战略目标的特性建议，都要通过范围定义将其排除出去。但是如果有那么一个特性，尽管它不在项目范围之内，也超越了任何一个限制条件，但听起来仍然像一个不错的想法，那么此时你可能需要重点审视某些战略目标。不管怎样，如果你发现自己正在反复审视战略目标，那么你极有可能是太早地进入了需求定义阶段。

如果你的战略计划或愿景文档在战略目标的范围内制定了一个清晰的优先级别顺序，那么这些优先级别应该是决定是否采纳人们所建议的相关特性的首要因素。有时候，两个不同战略目标之间的重要程度也会出现不是很清楚的情况。这时候，特性最后是否纳入项目范围之中，往往取决于企业的政治局面。

当管理层谈到战略的时候，他们通常从某种产品特性开始，然后你不得不耐心地把他们引导到后面的战略因素上去。由于管理层常常分不清特性和战略，某些特性总是会占据上风，因此需求的定义过程就变成了与这些管理层进行谈判的过程。

控制谈判的过程非常困难。解决管理层之间的争论的最好办法是要求“制定战略”。关注战略目标，而不是各种实现这些目标的手段。当你面对的是一个总是把注意力放在某个战略目标特征上的高层决策者时，如果你能向他保证他所关注的这个特征可以用另一种方式来满足的话，他就不会感觉自己的意见被忽略了。不过，说起来容易做起来难。对决策者的需求表示认同，是解决特性冲突的关键。谁说技术人员不需要沟通技巧呢？

05

第5章

结构层

交互设计与信息架构

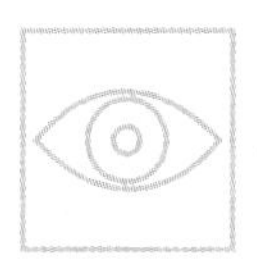

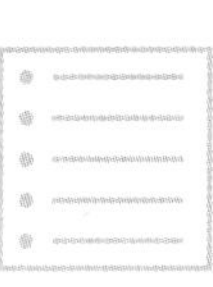

在定义好用户需求并排列好优先级别之后，我们对于最终产品将会包括什么特性已经有了清楚的图像。然而，这些需求并没有说明如何将这些分散的片段组成一个整体。这就是范围层的上面一层：为网站创建一个概念结构。

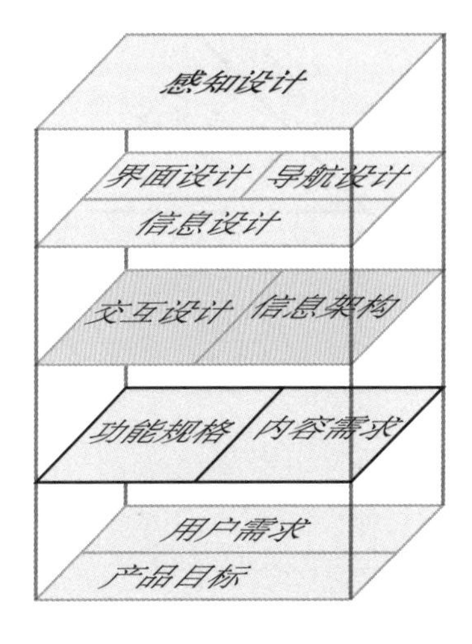

结构层定义

结构层是五个层面中的第三层，它也适当地将我们的关注点从抽象的决策与范围问题，转移到更能影响最后的用户体验的具体因素。然而，在抽象和具体之间的分隔线有时会变得模糊不清——虽然我们在此时做出的决定对最终产品将会产生显而易见、真实可触的影响，但是这里所做的决策本身仍然包括大部分的概念性内容。

在传统的软件开发行业，涉及“为用户设计结构化体验”的方法被称为**交互设计**（interaction design）。它曾经被归类在“界面设计”的范畴之内，但近些年来交互设计已经成为一个独立的学科。

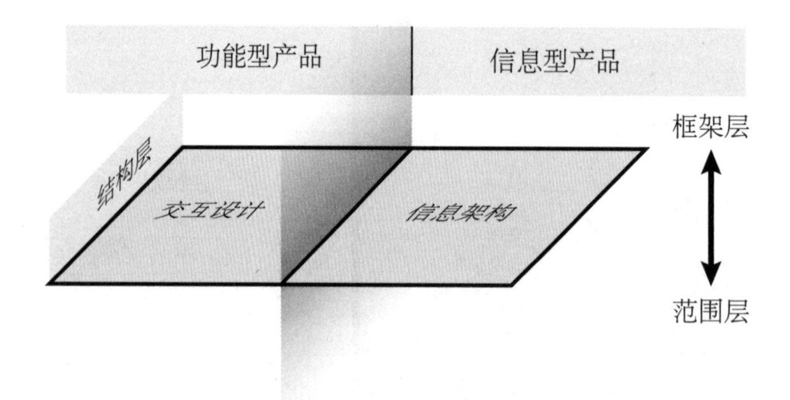

在内容建设方面，主要是通过**信息架构**（information architecture）来构建用户体验。这个领域涉及多个学科，包括向来都要考虑的组织管理、分类、顺序排列，以及与内容呈现有关的图书管理、新闻学和技术通信等其他学科。
交互设计和信息架构都强调一个重点：确定各个将要呈现给用户的元素的**模式**（pattern）和**顺序**（sequence）。交互设计关注于将影响用户执行和完成任务的元素。信息架构则关注如何将信息表达给用户的元素。

交互设计和信息架构听起来很神秘、很高科技，但这些工作实际上并不完全是技术的，它们要求去理解用户——理解用户的工作方式、行为和思考方式。将了解到的这些知识加入我们的产品结构中，这个方法可以帮助我们给那些不得不使用这些产品的用户提供较好的体验。

交互设计

交互设计关注描述“可能的用户行为”，同时定义“系统如何配合与响应”这些用户行为。人类在使用产品的时候，用户和机器这两者之间就会产生某种类似舞蹈的步伐。用户移动，系统响应；接着用户再移动，来回应系统的响应，这样舞蹈才能继续进行。但一般的软件设计并没有刻意地留意这种舞步。此类软件的设计思路是：反正每一种应用程序的舞步都会有一些不同的地方，让用户来适应这些不同的舞步并不算过分的要求。所以系统就可以自己跳自己的，要是某些用户的脚被踩了，那也只能当成是学习过程的一部分。可事实上，每一位舞者都会告诉你，成功的舞蹈是要求每一个参与者能够预测对方的移动。

传统意义上，程序员最关注软件的两个方面：“它做什么”和“它怎么做”。程序员之所以会这样是有原因的：由于他们对于细节的热情，使得他们做好本职工作。也正是由于这样的关注，意味着程序员更容易创建出来一个在技术上效率很高，却忽略了什么才是对用户而言最好的系统。尤其是在过去，计算能力是一种稀缺资源，所以最佳的方法就是在种种系统局限下让软件正常运作。

对计算机而言，最好的工作方式从来都和真正的使用者所期望的、最好的工作方式背道而驰。因而，软件自存在以来，一直为这样的恶名所困扰：软件是复杂的、混乱的、难以使用的。这就是为什么多年以来“计算机基础培训”（告诉人们计算机内部的程序是如何运作的课程）曾被广泛地认为是用户和软件能和平相处的唯一方式。

这种情形持续了很多年，但我们因此知道了用户是如何使用科技产品的，然后终于有了这样的想法：与其针对机器的最佳工作方式来设计系统，还不如设计一个对用户而言最好的系统。从此以后，把文职员工送去上编程课以提高他们的计算机基础，这样的活动就被逐渐省略了。取而代之来帮助软件开发者的，是一个被称作交互设计的新兴学科。

概念模型

用户对于“交互组件将怎样工作”的观点称为**概念模型**（conceptual model）。软件是否把某个特性处理成用户所熟悉的某个概念？比如某个他去过的地方或某件他曾经拥有的物品。对此，不同的网站采用了不同的方法。规划好概念模型能帮助你做出一致的设计决定。内容元素是一个位置还是对象并不重要；重要的是网站能够将这些内容元素从头到尾一致地表现出来，而不是有时候将此元素当成位置，有时候又当成对象。

举个例子来讲，“购物车”在典型的电子商务网站概念模型中是一个容器。这个概念模型同时影响了它的视觉设计和在界面上使用的语言。它是一个装东西的容器；作为一个容器，我们“放进东西”到“推车”中，以及从里面“拿出东西”来，系统必须提供能完成这些任务的功能。

假设购物车的概念模型是来自现实世界中的另一个实物，譬如“分类订货单”。系统就应该使用“编辑”来代替传统购物车的“添加”与“移除”两个功能，并且用户也应该是“寄出”他们的订单，而不是使用“结账”的比喻来完成购物。

零售商店和产品目录的概念模型似乎都可以完美地让用户在网上发出订单。要选择哪一个呢？零售商店的概念模型非常广泛地被应用在网络商城，因为它是传统的购物方式。如果你的用户也常常在其他网站购物，那么你最好也继续使用这种传统方式。使用人们熟悉的概念模型，会使用户很快适应一个不熟悉的网站。当然，打破传统也没有错——只要你有一个好理由说明“为什么这样做”，同时准备好另一个符合用户需求且在情理之中的概念模型以备使用。一个令人不太熟悉的概念模型只有在用户能正确理解并诠释它的时候才能起到作用。

一个概念模型可以反映系统的一个组件或是整个系统。一个叫Slate的网站上线时，它的概念模型是一本现实世界中的杂志，因为它的内容主要由新闻和评论组成：Slate网站上有封面页和封底页，并且每一个网页都有页数和允许用户“翻页”的界面。可上线后的结果是，杂志的概念模型在网络上并不能有效地使用，Slate最终还是放弃了这个想法。

我们不必将概念模型明确地告诉我们的用户。事实上，这样做会让用户觉得很混淆，反而无法帮助他们。更重要的是，概念模型是用于在交互设计的开发过程中保持使用方式的一致性的。了解用户对网站模式的想法（是零售商店的工作方式吗？还是产品目录的工作方式？）可以帮助我们挑选出最有效的概念模型。在理想情况下，我们不需要告诉用户网站使用的是什么样概念模型；用户在使用网站的时候，基本上是凭直觉的，因为这个网站的交互行为与他们隐含的期望值完全相符。

将现实世界中相对应实物的比喻放入我们的概念模型中，这对系统功能的设计可能会有一定的价值。不过，更重要的是，不要将比喻从现实世界中一字不落地照搬过来。西南航空公司网站的首页曾经是一张客户服务的书桌的图片，书桌上一边堆着简介的小册子，另一边放着电话，等等。很长时间以来，这个网站常被当成“过分运用”概念模型的一个典型例子——预订机票可以通过电话，但那并不意味着预订系统就应该真的用电话的图形来代表。西南航空公司一定对他们的网站常被举为坏例子感到厌烦；他们改版后的网站不仅避免了太强的比喻，同时也大幅增强了功能性。

未改版前的西南航空公司的网站是概念模型与现实物品过于相近的经典范例。

错误处理

任何一个交互设计的项目都有很大的部分牵涉处理“用户错误”——当人们犯错误时系统要怎么反应，并且当错误第一次发生时，系统要如何防止人们继续犯错？

第一个同时也是最好的防止错误的方法，是将系统设计成不可能犯错的那种。这类防范方法的一个绝佳例子是自动档的汽车。在汽车挂在任何一个不是“P（停车）”档的档位时，启动汽车有可能会损坏变速系统的中轴和复合件；同时尽管汽车并没有真正启动，但还是有可能突然往前滑动。这有可能会伤害司机，甚至也有可能会伤害一个偶然走到汽车前面的无辜路人。

为了防止这样的情况发生，自动档的汽车都会被设计成“除非挂在P档（停车档）上，否则不能启动发动机”。想发动汽车就必须要清空档位，所以我们之前描述的错误从来没有发生过。不幸的是，想让大部分的用户错误都不要发生，并不像这个例子一样简单。

第二个避免错误的方法就是使错误难以发生。但即使如此，一些错误一定会发生。这时，系统应该帮助用户找出错误并且改正它们。在某些情况下，系统甚至可以帮助用户自动改正错误。但是小心——一些最令人反感的行为，往往出现在软件试图善意地修正用户错误的时候（如果你曾经使用过微软Word，那就一定知道我在说些什么。Word提供许多功能意欲帮助用户改正一般的错误；通常情况下，我发现自己必须关闭这些功能才能完成工作和不再去改正那些“改正”）。

有效的错误信息和容易自我解释的界面可以在错误发生之后帮助用户纠正。但是一些用户的行为在一开始无法被看成是错误，用户在完成这个动作以后才发现做错了，而此时系统已经无法进行实时纠错了。在这些情况下，系统应该为用户提供从错误中恢复的方式。最有名的例子就是著名的撤销（undo）功能，不过从错误中恢复可以采取许多不同的手段。对于那些不可能恢复的错误，提供大量的警告就是系统唯一可提供的预防方法。当然，这种警告只有在用户实际注意到它时才能产生作用，这也就是为什么一连串的“你确定吗？”这样的警告通常会导致用户忽略了真正重要的那个，同时也被视为骚扰而不是帮助。

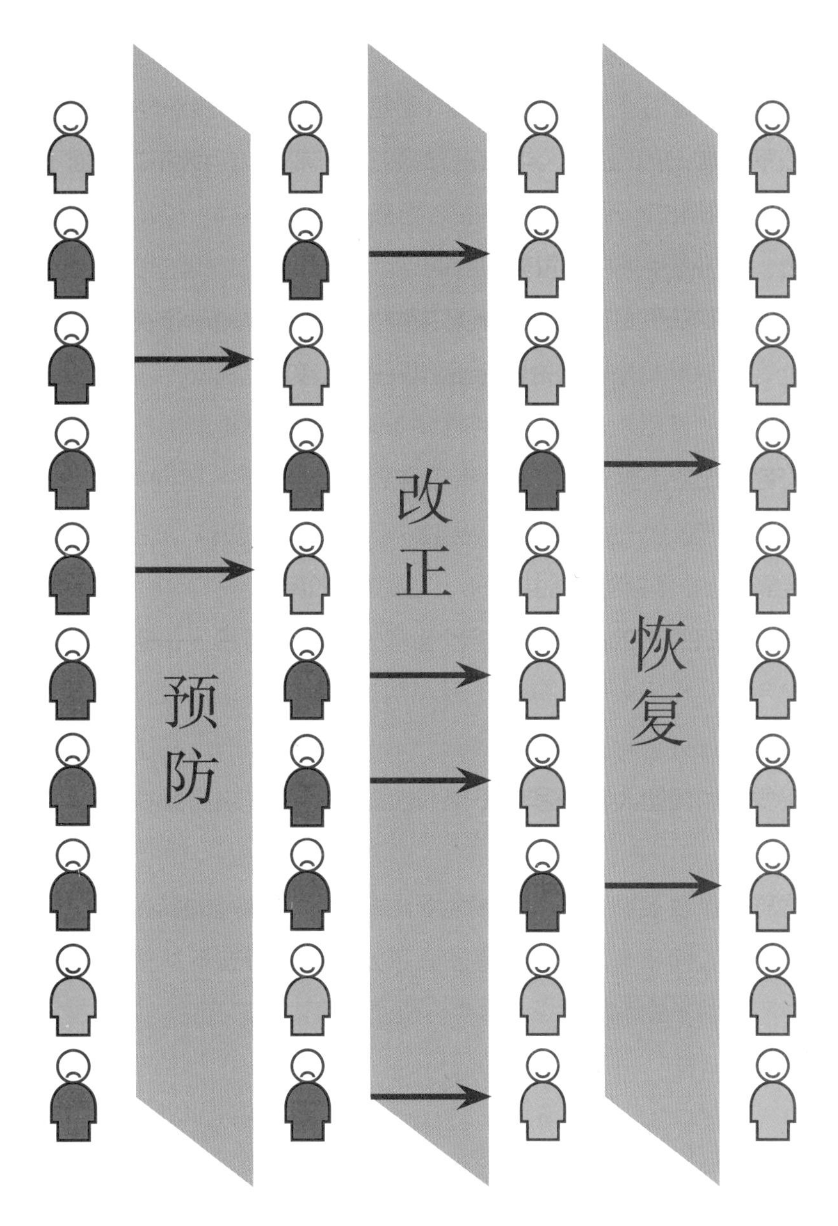

交互设计会处理每一个级别的错误，以确保更高比例的用户能有积极的体验。

信息架构

信息架构是一门古老学科的新应用——事实上，你可以认为它和人与人之间的沟通一样古老。只要人与人之间有信息要传达，就必须要选择并组织这些信息，以保证别人能理解并使用它们。

信息架构研究的是人们如何认知信息的过程，对于产品而言，信息架构关注的就是呈现给用户的信息是否合理并具有意义。显而易见，这对于所有以信息为驱动力的产品（比如公司的网站）来讲是非常重要的，而它对一些功能驱动的产品（比如手机软件）也会有很重要的影响。

结构化内容

在以内容为主的网站上，信息架构主要的工作是设计组织分类和导航的结构，让用户可以高效率、有效地浏览网站的内容。信息架构与信息检索的概念密切相关：设计出让用户容易找到信息的系统。然而，在许多情况下，网站的结构不仅不能帮助人们找到东西，还必须教育、通知或说服用户。

同样地，信息架构要求创建分类体系，这个分类体系将会对应并符合我们的网站目标、希望满足的用户需求，以及将被合并在网站中的内容。我们可以使用以下两种方式来建立分类体系：从上到下或从下到上。

从上到下（top-down approach）的信息架构方法将从战略层所考虑的内容，即根据产品目标与用户需求直接进行结构设计。先从最广泛的、有可能满足决策目标的内容与功能开始进行分类，然后再依据逻辑细分出次级分类。这样的

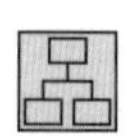

“主要分类”与“次级分类”的层级结构就像一个个的空槽，而内容和功能将按顺序一一填入。

从下到上（bottom-up approach）的信息架构方法也包括了主要分类与次级分类，但它是根据对“内容和功能需求的分析”而来的。先从已有的资料（或者当网站发布后将存在的资料）开始，我们把这些资料统统放到最低级别的分类中，然后再将它们分别归属到较高一级的类别，从而逐渐构建出能反映我们的产品目标和用户需求的结构。

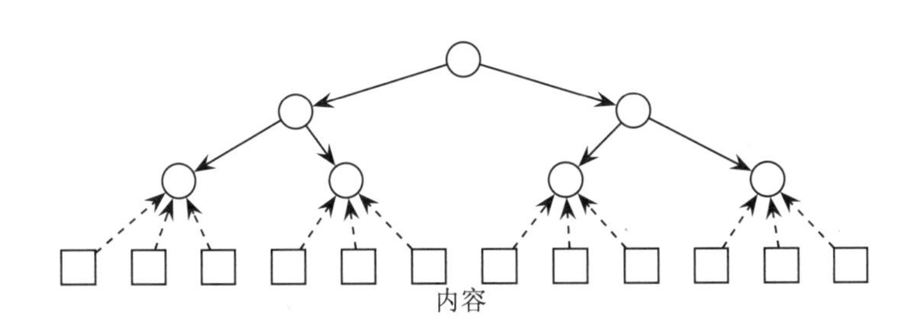

从上到下的架构方法是由战略层驱动的。

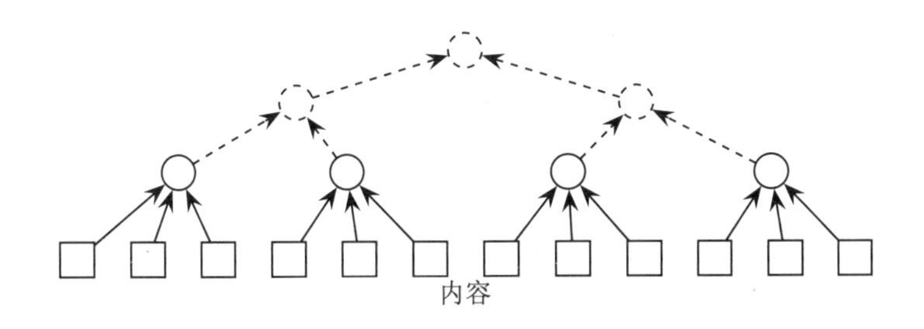

从下到上的架构方法是由范围层驱动的。

这两种方法都有一定的局限。从上到下的架构方法有时可能导致内容的重要细节被忽略。另一方面，从下到上的方法则可能导致架构过于精确地反映了现有的内容，因此不能灵活地容纳未来内容的变动或增加。因此在从上到下和从下到上的方法之间找到平衡是唯一可避免两者缺点的方法。

不一定非要给某个级别或某部分结构加上一个特定数目限制。类别数量只要能正确地反映你的用户与他们的需求就可以了。有些人喜欢计算“完成任务所需要的步骤”，或是计算“用户到达某一地点的点击数”，将这个作为评估网站结构质量的一种方法。然而，结构质量最重要的标准，不是“整个过程一共需要多少步骤”，而是“用户是否认为每一个步骤都是合理的”，以及“当前的步骤是否自然地延续了上一个步骤中的任务”。毫无疑问地，用户会喜欢一个被清晰定义的七步过程，而不是一个令人困惑的、被勉强压缩的三步过程。

网站是有生命的个体，它们需要持续的关心和灌溉。同时网站也不可避免地会随着时间的流逝而成长、改变。在许多情况下，满足新的需求不应该导致重新考虑网站的整体结构。一个高效结构的优点就是具备“容纳成长和适应变动”的能力。然而，新内容的积累最终将会使你再次审视网站的组织分类原则。举个例子来说，在你只有几个月的新闻量的时候，将新闻按日期分类，并让用户翻页查找阅读，这种结构或许已经足够了；但是在几年以后，按照主题来组织新闻或许更加实用。

一个完整的用户体验，包括网站结构，都是建立在对网站目标和用户需求的理解之上的。如果你要重新定义网站希望达到的目标，或是之前设想的、网站必须满足的需求发生了变化，那么你就应该准备相应地重新调整网站结构了。但是，像这样的结构变动很少会有事先的预告，当你发现需要重新调整结构时，用户常常已经被折磨了一段时间了。

一个适应性强的信息架构系统，能把新内容作为现有结构的一部分容纳进来（上图），也可以把新内容当成一个完整的新部分加入（下图）。

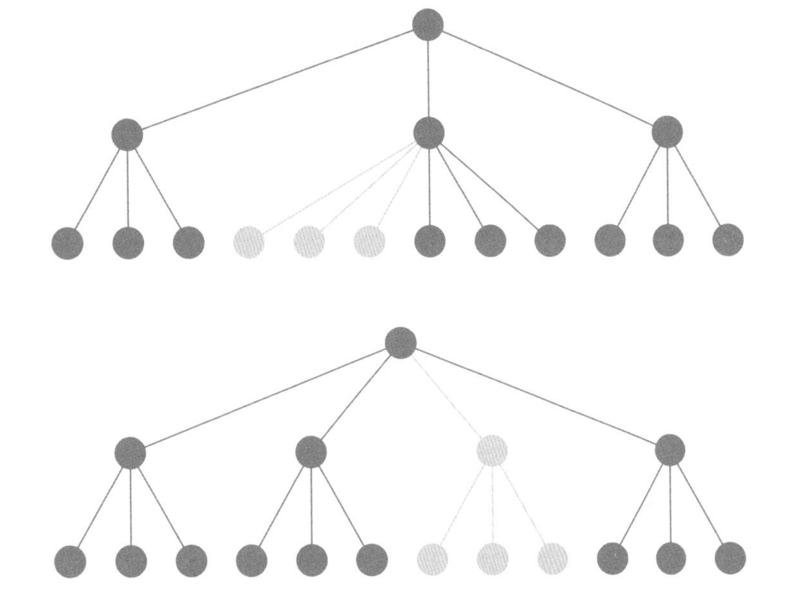

结构方法

信息架构的基本单位是**节点**（node）。节点可以对应任意的信息片段或组合——它可以小到是一个数字（比如产品的价格），或者大到是整个图书馆。我们要处理的是节点，而不是页面、文档或组件，这个思路有助于我们使用一种共同的语言和一组共同的结构的概念来对付各种不同的问题。

节点的抽象性也使得我们能明确地设定我们的关注点的详略程度。多数网站的信息架构只关心网站中页面的安排； 如果把页面定义成最基础的节点，我们能明确地知道，这个项目不再处理任何比它更小的东西。如果“把页面作为节点”对目前的项目来说太小，我们可以调整各个节点来对应网站整体 。如果页面太大，我们也可以把页面内的每一个元素定义为独立的节点，而页面则变成这些节点的一个组合。

这些节点可以用许多不同的方式来安排，不过这些结构实际上只有几种常见的类型。

在层级结构（hierarchical structure）中——有时也称为**树状**（tree）结构或**中心辐射**（hub-and-spoke）结构——节点与其他相关节点之间存在父级/子级的关系。子节点代表着更狭义的概念，从属于代表着更广义类别的父节点。不是每个节点都有子节点，但是每个节点都有一个父节点，一直往上直到整个结构的父节点（或你更喜欢把它称为“树”的“根”）。层级关系的概念对于用户来说非常容易理解，同时软件也是倾向于层级的工作方式，因此这种类型的结构是最常见的。

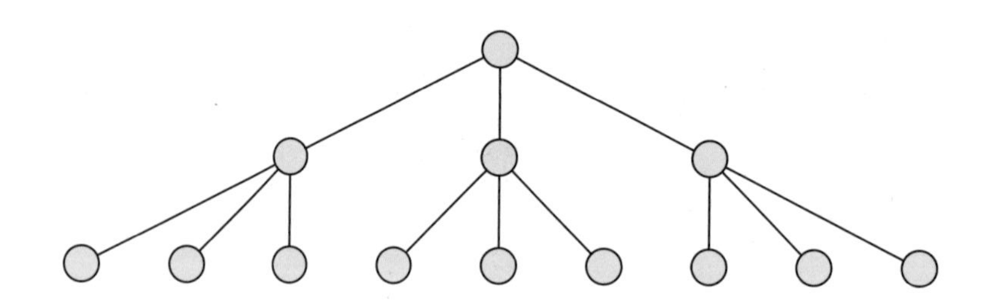

层级结构

矩阵结构（matrix structure）允许用户在节点与节点之间沿着两个或更多的“维度”移动。由于每一个用户的需求都可以和矩阵中的一个“轴”联系在一起，因此矩阵结构通常能帮助那些“带着不同需求而来” 的用户，使他们能在相同内容中寻找各自想要的东西 。举个例子来说，如果你的某些用户确实很想通过颜色来浏览产品，而其他人偏偏希望能通过产品的尺寸来浏览，那么矩阵结构就可以同时容纳这两种不同的用户。然而，如果你期望用户把这个当成主要的导航工具，那么超过三个维度的矩阵可能就会出现问题。在四个或更多维度的空间下，人脑基本上不可能很好地可视化这些移动。

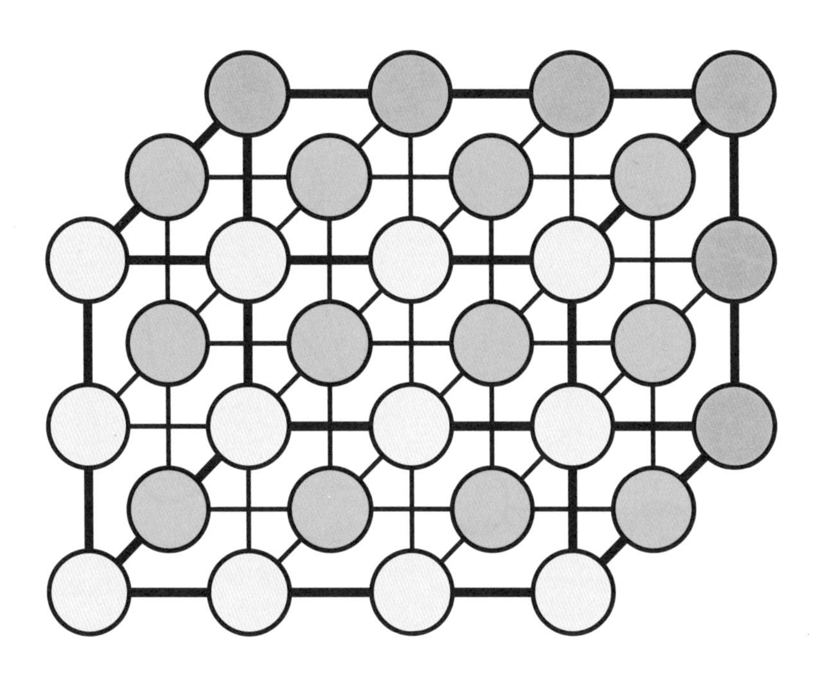

矩阵结构

自然结构（organic structure）不会遵循任何一致的模式。节点是逐一被连接起来的，同时这种结构没有太强烈的“分类”的概念。自然结构对于探索一系列关系不明确或一直在演变的主题是很合适的。但是自然结构没有给用户提供一个清晰的指示，从而让用户能感觉他们在结构中的哪个部分。如果你想要鼓励自由探险的感觉，比如某些娱乐或教育网站，那自然结构可能会是个好的选择；但是，如果你的用户下次还需要依靠同样的路径，去找到同样的内容，那么这种结构就可能会把用户的经历变成一次挑战。

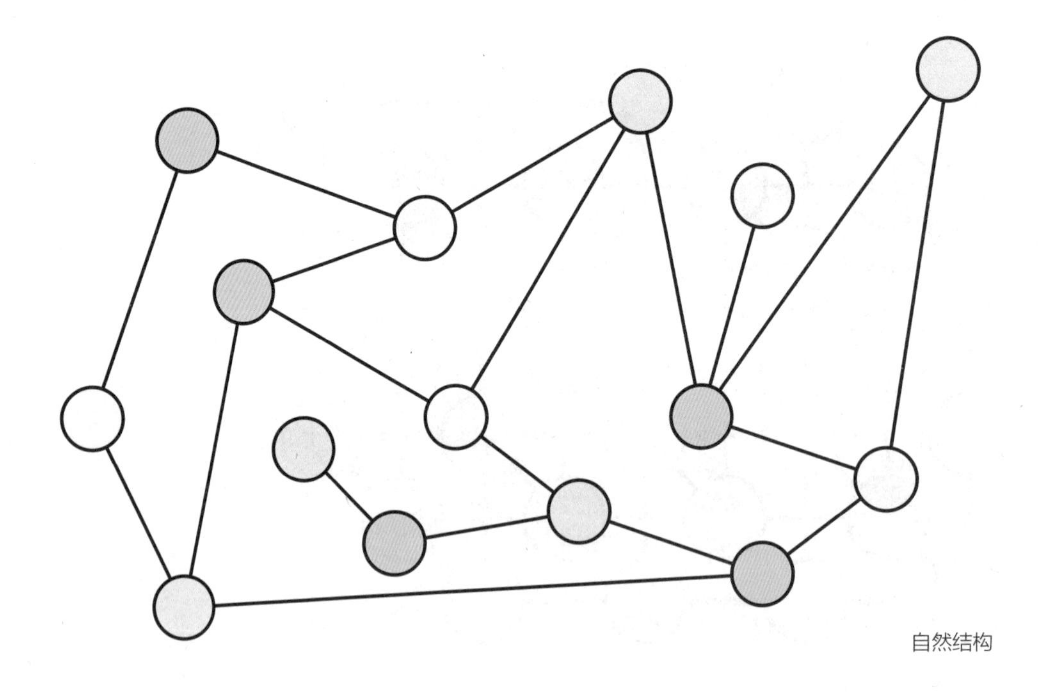

自然结构

线性结构（sequential structure）来自于你最熟悉的线下媒体——事实上，你现在正在体验其中一种。连贯的语言流程是最基本的信息结构类型，而且处理它的装置早已被深深地植入我们的大脑中了。书、文章、音像和录像全部都被设计成一种线性的体验。在互联网中线性结构经常被用于小规模的结构，例如单篇的文章或单个专题；大规模的线性结构则被用于限制那些需要呈现的内容顺序对于符合用户需求非常关键的应用程序，比如教学资料。

线性结构

组织原则

节点在信息架构中是依据**组织原则**（organizing principle）来安置的。从字面上来讲，组织原则基本上就是我们决定哪些节点要编成一组，而哪些节点要保持独立的标准。不同的组织原则将被应用在不同的区域和网站不同的层面。

以一个公司的信息网站为例，我们的树状结构中的最上层也许是这样的类别："消费者""企业集团"和"投资者"。在这个阶段，组织原则是"不同内容所针对的观众”。其他网站也许有另外的最上层类别，比如“北美洲”“欧洲”和“非洲”，使用地区作为另一种组织原则是满足全球使用者需求的一种方法。

一般来说，你在产品最高层级使用的组织原则应该紧密地与“网站目标”和“用户需求”相关。而在结构中较低的层级，内容与功能需求将对你所采取的组织原则产生重大影响。

例如，一个做新闻内容的网站经常以时间顺序作为它最显著的组织原则。实时性对于用户来说是唯一重要的因素（用户希望在新闻网站看到关于时事的信息，而不是历史），对网站的创建者也同样重要（创建者必须强调这些内容的实时性才能在竞争中得以生存）。

结构的下一个层级是其他与内容紧密相关的因素。以体育新闻网站为例，内容也许被划分成像“棒球”“网球”和“曲棍球”这样的类别，而更偏向于广泛兴趣的网站也许会有类似“国际新闻”“国内新闻”和“地方新闻”这样的类别。

任何一种信息收集（不论它是包括两个项目、200个或是2000个）都有一个固定的概念性结构。实际上，这种概念结构通常不止一个。那也是我们必须要解决的问题之一。我们所面临的困难不是创建一个结构，而是在创建一个能与“我们的目标”和“用户需求”相对应的、正确的结构。

比如说，假设我们的网站包括了大量的汽车信息。一个可能的组织原则是考虑把信息按照汽车的重量来排列，这样用户看见的第一件事将会是数据库中最重的汽车信息，然后是排第二的，一直到最轻的汽车。

对于一般消费者的信息网站来说，这可能是一种错误的组织信息方式。大多数时候，大多数人并不关心汽车的重量。对于这样的用户群来说，依据汽车外观、型号和类型来组织信息或许更为适当。另一方面，如果我们的用户是每天买卖、运送汽车到国外的专业人士，重量就变成了一个非常重要的因素。对于这样的用户群来说，像汽车本身的燃料经济和引擎类型就变得比较不重要或者根本无关紧要。

这些属性，在图书馆学的术语中，被称为**截面**（facet），而且它们几乎能为任何内容提供一套简单、灵活的组织原则。但是先前的例子说明，使用错误的截面可能比根本没使用截面会更加糟糕。对于这个问题的一个常见对策，是将每一个有可能的截面都当作组织原则来使用，从而让用户自己去选择对他们而言最重要的那个。

不幸的是，除非你的信息非常简单，只包括几个不同的截面，否则这种方法很快地就会把信息架构变得既笨重又混乱。由于用户有太多的方法可以将信息排序、过滤，这就造成没有人能找到自己想要的东西。这样的负担（让用户自己使用所有的属性来排序，并且挑选什么是重要的）不应该丢给用户，应该由我们来解决。战略告诉我们“用户的需求是什么”，范围则告诉我们“什么样的信息将满足那些用户需求”。在创建结构时，我们就要具体地识别出用户心目中至关重要的那些信息。成功的用户体验，就是能事先预知用户的期望并将其纳入设计之中。

语言和元数据

即使结构完全准确地代表了用户对你的网站的理解，用户仍然无法在结构中找到他们想走的路，这是因为他们无法了解你的**命名原则**（nomenclature）：描述、标签，和网站使用的其他术语。因此，“使用用户的语言”并且“保持一致性”是非常重要的。我们把用来强调一致性的工具称为**受控词典**（controlled vocabulary）。

受控词典是网站使用的一套标准语言。这是用户研究中很重要的一个领域。与用户谈话并了解他们的沟通方式，是开发出一个让用户感到自然的命名原则系统的最有效方式。创造并遵守一个反映了用户语言的受控词典是防止企业内部的专用术语侵入网站的最佳方法，那些专用术语只会让你的用户感到糊涂。
受控词典也有助于建立起贯穿所有内容的一致性。无论内容创建者是坐在邻近位置，还是坐在不同国家的办公室内，受控词典提供了一个明确的资源以确保大家都能使用用户的语言。

控制词汇的另一种较为精细的应用方法，就是创造**类词词典**（thesaurus）。与简单列出所使用词汇的清单不同，类词词典会提供常用的、但未纳入该网站标准用语的词汇以供选择。就类词词典来说，你可添加内部专用术语、速写语、俚语或缩写词等对其相对应的词汇进行补充。类词词典可能还包含词汇之间的类型关系，提供更广义、更狭义或相关词汇的建议。将这些关系记录存档会让你对内容概念的整个范围有了一个更完整的印象，也有可能最终会推荐你使用另外的结构方法。

使用受控词典或类词词典对于建立包含**元数据**（metadata）的系统特别有用。

元数据的意思，简单地说就是“关于信息的信息”，即以一种结构化的方式来描述内容的信息。

假设我们正分析一篇关于志愿消防队如何使用最新产品的文章。这篇文章的元数据可能包括：

作者名
发布日期
内容类型（如：案例研究或文章）
产品名称
产品类型
客户所在行业（如：志愿消防队）
其他相关信息（如：市政代办处或紧急情况服务）

准备好这些信息让我们能把各种各样的可能性都考虑周全，包括那些没有它们就会很难（不是完全不可能）实施的结构方法。简而言之，掌握的内容信息越详细，在建设信息架构时灵活性就越高。假如“紧急服务”突然变得很有潜力，从而成为公司想要扩展的新兴市场，那么有这样的元数据将帮助我们迅速地运用已有的内容创造出适应用户需求的一个新专题或新频道。

但是，如果数据本身不一致，那么建立技术系统来收集和跟踪全部的元数据就不会对我们有任何帮助。这正是需要受控词典出现的地方。在你的内容中，每一个独特的概念都对应了一个固定的词，通过这种对应，你就可以依靠自动化来帮助你定义内容元素之间的联系。你的网站可以动态地将一组与某个主题有关的页面链接到一起，没有任何人需要额外做什么，只要它们的元数据始终一致地使用同样的词组。

另外，好的元数据比基本的全文搜索引擎更能提供可靠的搜索结果，它能帮助用户在网站中更快速地找到信息。搜索引擎是强有力的，但一般说来它们非常非常笨——给它们一个字符串，它们寻找的几乎就是那个一模一样的字符串，搜索引擎并不了解任何一个字符串的意义。

将搜索引擎与类词词典连接起来，再加上元数据，就能让搜索引擎变得更聪明。搜索引擎使用类词词典来区分“禁用词”与“首选词”；接着它从元数据中查找这些“首选词”。与搜索结果为零相反的是，用户得到高度精准的、相关的搜索结果——甚至你还可以推荐一些用户可能感兴趣的相关主题。

团队角色和流程

文档一定要描述清楚网站的结构——从命名原则和元数据的具体细节，到信息架构和交互设计的整体概况——根据项目复杂度的不同，可以有很大的不同。对于内容涉及很多层结构的项目，简单的文字概述可能是记录结构的一个最有效的方式。在某些情况下，报表和数据库这样的工具会被用于帮助捕捉复杂结构的细微差异。

然而信息架构或交互设计的主要文档是示意图。视觉化地呈现结构，对我们而言，这是表述“分支、群组、组件之间的联系”的一种最高效的方式。网站结构总是很复杂的，用文字去表达这些复杂的概念，有谁会真的去看呢？

在互联网早期，这种示意图称为“网站地图”，但是因为网站地图的名称同样也被用于网站中特定的一种导航工具（你将在第6章读到更多），所以现在**架构图**（architecture diagram）成为我们内部用来描述这种网站结构工具的术语。

这种架构图并不一定要写明网站的每一页的每一个链接。实际上，详细到这种程度的架构图，在许多情况下只会造成混淆并且屏蔽了团队真正需要的信息。架构图最重要的是记录概念关系：哪些类别需要放一起，而哪些需要保持独立？在交互过程中那些步骤要怎样相互配合？

刚做这行的时候，我发现我不得不在一个接一个的项目中一次又一次地重复相同的、基本的互动流程。随着时间的推移，我逐渐地找到一种规范化的方式来绘制我对网站的构思。我选择了曾经用过的一组特殊的图形，并给每一个图形的含义做了明确的定义。

我创造的图解网站结构的系统称作**视觉辞典**（visual vocabulary）。从2000年我第一次在互联网上公布它开始，全世界的信息架构师和交互设计师都接受了它。你可以学习更多的视觉辞典，请见下一页样图，并且从我的网站www.jjg.net/ia/visvocab/下载并使用此工具。

很多企业都有一个负责做架构的全职用户体验设计师，而在另一些企业，架构设计通常都只是某个人职责的一部分，而并没有当成一件有意识的工作来做。“到底谁在负责信息架构”最后通常取决于企业的文化或项目的本质。

视觉辞典是一个提供从非常简单（上图）到非常复杂（下图）的示意结构的系统。访问www.jjg.net/ia/visvocab/了解更多。

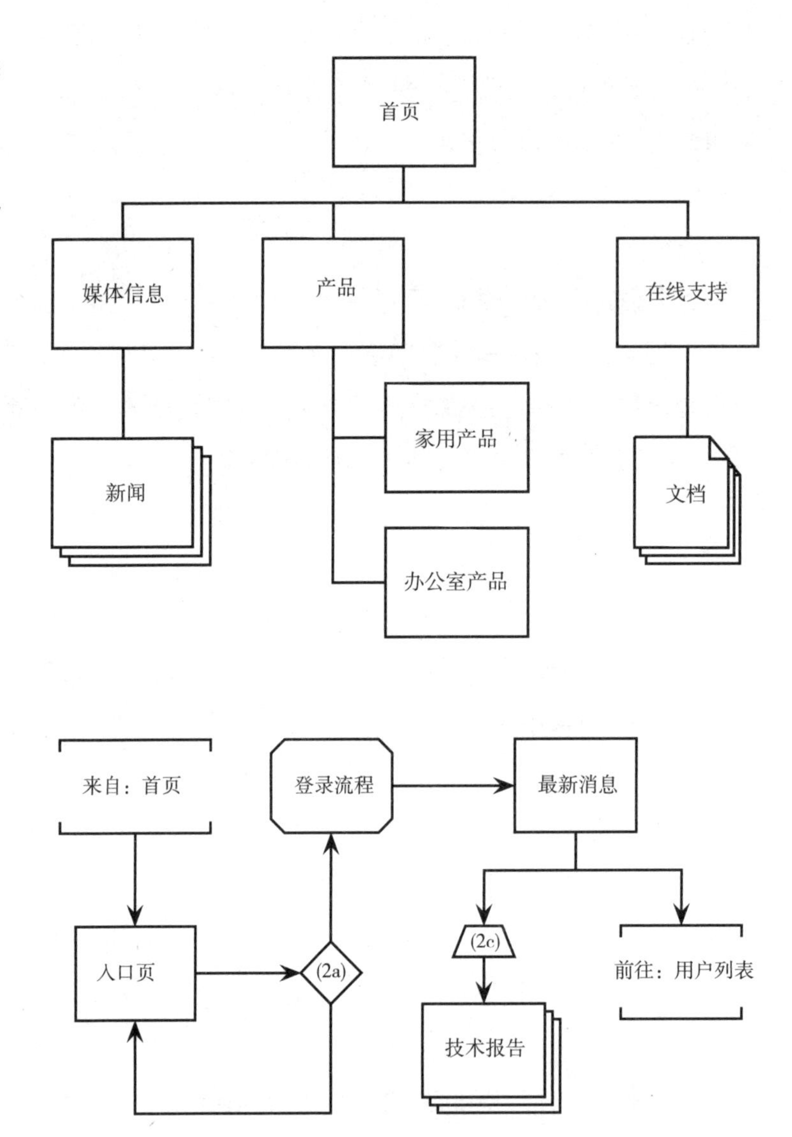

对于内容量繁重，或那些起初将创建网站看作营销活动的企业，决定网站架构的责任被放到了内容建设、编辑或是公共关系部门。如果企业习惯由技术人员主导，或企业文化是技术导向的，那么架构的责任一般会落到技术项目负责人的身上。

招聘一名全职负责架构问题的专家可以使每个项目都得到好处。有时这个人的职位名称被称作“交互设计师”，但通常他们是指“信息架构师”。不要让名称把你搞糊涂了——虽然一些信息架构师确实主要负责创建内容网站的组织和导航结构，但是大多数情况下，信息架构师也具有某种程度上的交互设计经验，反过来也是一样的。信息架构和交互设计非常相近且相关，因此“用户体验设计师”已经渐渐成为一种更普遍的职位名称，用来称呼具有这类技能的人。

你的企业正在进行中的工作的数量，也许还不足以招聘一名全职的信息架构师作为团队的长期成员。如果你的网站开发主要是内容的更新，而且你不需要定期对整个网站进行重新设计和新的开发，那么招聘一名全职的信息架构师可能就不太合适。但如果你的网站将稳定而持续地增加新内容和新功能，那么一名全职的信息架构师，能帮助你确保整个新增内容的过程能够最有效地满足用户需求与企业的战略目标。

你是否有一位专家来解决结构问题并不重要，重要的是这些问题能由某个人来负责。不论你是不是做过这方面的规划，你的网站都会有一个结构。一个建立在明确规划上的网站，会减少频繁检查维护的工作量，也能为网站的所有者带来可见的结果，同时还能满足他们的用户的需求。

06

第6章

框架层

界面设计、导航设计和信息设计

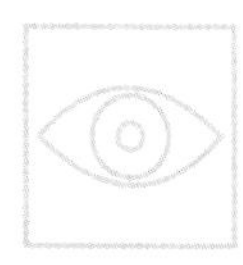

表现层

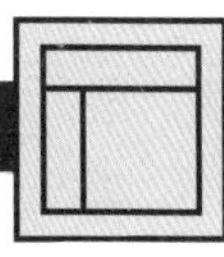

框架层

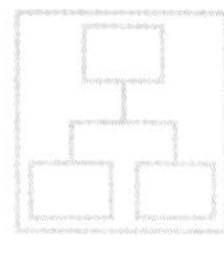

结构层

范围层

战略层

在充满概念的结构层中开始形成了大量的需求，这些需求都是来自我们的战略目标的需求。在框架层，我们要更进一步地提炼这些结构，确定很详细的界面外观、导航和信息设计，这能让晦涩的结构变得更实在。

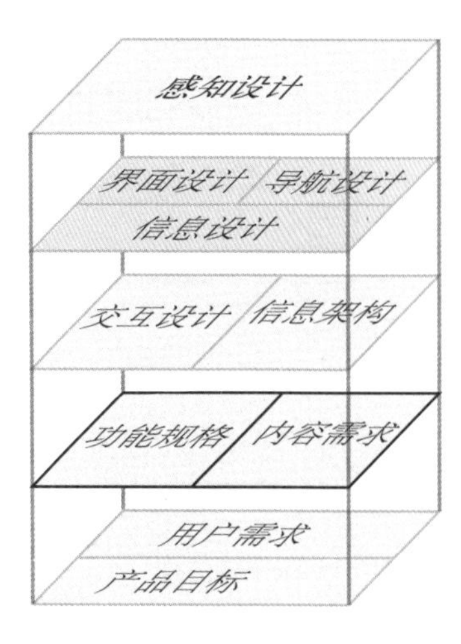

框架层定义

前一章的结构层界定了我们的产品将用什么方式来运作；框架层则用于确定用什么样的功能和形式来实现。除了解决具体的这些议题，框架层还要处理更精确的细节问题。在结构层，我们看到一个较大的架构和交互的设计；在框架层，我们的关注点几乎全部在独立的组件以及它们之间的相互关系上。

对于功能型产品，我们通过**界面设计**（interface design）来确定框架——一个大家所熟知的、“按钮、输入框和其他界面控件”的领域。但是对于信息型产品，要解决的是一个独一无二的问题：**导航设计**（navigation design），这是专门用于呈现信息的一种界面形式。最后，**信息设计**（information design）是功能和信息两方面都必须要做的，它用于呈现有效的信息沟通。

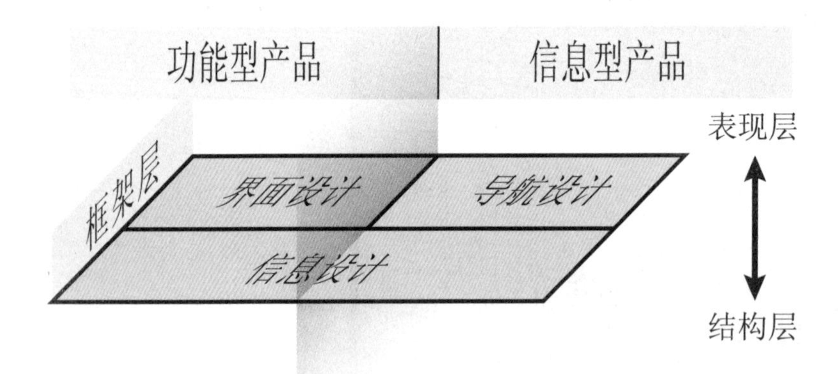

这三种要素紧密地结合在一起——比这本书中提到过的、任何两个要素之间的关系，都要紧密得多。在面对“导航设计”问题的时候，首先要考虑“信息设计”是否太模糊，或者遇到的“信息设计”问题最后变成“界面设计”的问题，这都是很常见的情况。

即使这些边界有时会变得模棱两可，但是，把它们定义成独立的领域仍然能帮助我们更准确地评估是否已经找到了合适的解决方案。“好的导航设计”不能纠正“不好的信息设计”；如果我们不能分辨这些问题的类型，我们就无法知道是不是真正解决了它们。

如果这涉及提供给用户**做某些事**的能力，则属于“界面设计”。界面的意思是说，通过它，用户能真正接触到那些“在结构层的交互设计中”确定的“具体功能”。

如果是提供给用户**去某个地方**的能力，这是“导航设计”。信息架构把一个结构应用到我们设定好的“内容需求列表”之中；而导航设计则是一个用户能看到那个结构的镜头，这就表示，通过它，用户可以“在结构中自由穿行”。

如果是**传达想法**给用户的话，那就是“信息设计”。信息设计是这个层面中范围最广的一个要素，所涉及的事情几乎是到目前为止我们在功能型和信息型产品两者都看到过的全部内容。信息设计跨越了“以任务为导向”的功能型产品和“以信息为导向”的信息型产品的边界，因为无论是界面设计还是导航设计，都不可能在没有“一个良好的信息设计的支持”的前提下取得成功。

习惯和比喻

习惯和反射作用是我们与这个世界交互时的各种基础——的确，如果我们减少很多反射作用的话，我们每天能完成的事情也会大大减少。你能想象开一辆"永远不会比你第一次开的时候更容易"的车会怎么样吗？你的驾驶技术、烹饪技术或使用手机的技术（在没有被那些庞大的、注意力高度集中的任务弄得筋疲力尽的情况下）都依赖于大量的、细小的反射作用的积累。

习惯使我们可以把这些反射作用应用到不同的环境中。我曾经有一辆车，不管我的哪个朋友驾驶它都不可避免地会遇到一些麻烦。当他们启动它时，他们做的第一件事是"清洗挡风玻璃"。这不是因为他们认为挡风玻璃脏了（尽管它有可能是脏了）；而是因为他们想打开前灯。我车上的控制方式与他们过去的习惯完全不一样的。

电话是另一个说明习惯的好例子。时不时地，制造商总是试着设计一些不符合"三行四列"按钮布局的电话，比如两排按钮，每排六个，或三排按钮，每排四个。"圆形"布局按钮的电话仍然不断地生产出来，但是这些随着它们所依赖的转盘式拨号电话的消失而逐渐消失，进而被遗忘在技术的迷雾中。

看上去布局不应该和习惯有那么大的冲突，但是它的确有。如果你去统计"一个用户花了多少时间去研究非标准电话上的按钮"的话，你会发现每一次打电话时大约需要花3秒。这并不是很大的差异——但是对于用户来讲，这3秒不仅仅是浪费时间那么简单。这3秒完全是被挫折感占据的，一件"下意识就能完成的事情"变成"难以忍受的缓慢"，仅仅是因为用户脚底下的"习惯魔毯"被人取走了。

事实上，电话中“三乘四”的数字矩阵是非常根深蒂固的习惯，因为它已经成为其他设备的一种标准，而不仅仅是电话，这些设备包括微波炉、遥控器等。有趣的是，电话的面板并不是这个领域的唯一标准：老式计算机所使用的“十键”标准布局[⊖]，把电话按键的数字顺序颠倒了过来。现在，在计算器、键盘、自动提款机、收银机和一些特殊的数据输入的应用程序，比如存储系统上得到广泛应用。由于这些标准都使用三乘四的矩阵，人们就已经相对容易地适应了它们，虽然这个单一的标准并不一定是真正的最佳解决办法。

这并不是说，每一个界面问题的解决办法都必须要毫无条件地死守这些习惯。当某种不同的方式有很明显的益处时，你反而应该试着谨慎地违背一些习惯。建立一个成功的用户体验，要求你在做每一个决定的时候都有充分的、明确的理由。

让你的界面与用户早已养成的那些习惯保持一致很重要，但是更重要的是，界面要与它自身保持一致。网站特性的概念模型有助于你保持内部一致性。如果有两个特性都使用了同样的概念模型，那么它们很可能就会有比较类似的界面要求。在这两个地方使用同样的操作习惯，能使熟悉了其中一个特性的用户很快适应另外一个。

即使是在概念模型不同的地方，这些概念模型所共用的模块也应该以相似的方式来对待（如果不是相同的话），无论它们出现在哪里。就像“开始”“结束”“返回”或“保存”这一类的概念，会在很大的范围内出现。给它们一个统一的处理方式，让用户可以应用已经从系统的其他部分所了解到的知识，这有助于用户更快地达到自己的目标，更少地犯错。

⊖ “十键”标准布局（“10-key”standard）是按照“7-8-9，4-5-6，1-2-3”来排列的。

就像不应该过于强调交互设计背后的概念模型一样，你应该抑制在产品四周建立起**比喻**（metaphor）的冲动。对你的产品特性来说，比喻是很可爱很有趣的，但是它们几乎无法像你幻想的那样产生作用。事实上，它们根本起不了作用。

在某些情况下，你可以为了某个功能而模仿现实世界的某个物体来设计界面。还记得Slate的导航，使你能像翻阅真正的杂志一样“翻过”一页吗？在大部分真实世界中的界面和导航设备，是只能在真实世界使用的：物理的、材料性能等。在显示屏上使用的产品，比如网站或软件，同样也有一些制约。

将产品特性和人们在真实世界中曾有的经历建立联想，听上去是一种有助于人们掌握“那些特性是什么”的好办法。但无论如何，这种方式往往不能揭示特性的本质，反而会使其更加混淆。即使特性和它所代表的比喻之间的联系，对于你来说是显而易见的，但它也仅仅是你的用户可能会联想到的、众多比喻中的一个——尤其当这些用户来自于和你完全不同的文化背景时。一个“电话的小图片”表示什么？是说我能用它打电话吗？还是检查我的语音信箱？或者是交电话费用？

当然，网站内容应该提供一定程度的上下文，从而帮助用户更好地猜测你所采用的比喻试图代表什么样的特性。但是你提供的各种各样的内容和功能越多，这些猜测就变得越不可靠——大多数时候，一部分用户总是猜不对。更好（也是更简单）的做法就是完全去除猜测的成分。

有效地使用比喻，就是要减少用户在“理解和使用你的产品功能”时对猜测的要求。用一个电话簿的图标来代表真实的电话号码簿也许还行得通；但用一个咖啡店的图片代表聊天区域可能就会出现问题。

界面设计

界面设计要做的全部事情就是选择正确的界面元素。这些界面元素要能帮助用户完成他们的任务，还要通过适当的方式让它们容易被理解和使用。一个任务通常都会跨过多个界面来完成，每一个界面都包含一组不同的界面元素，这些正是用户要与之战斗的对象。哪个功能要在哪个界面上完成，是我们在结构层的交互设计中已经决定的；而这些功能在界面上如何被用户认知到，则属于界面设计的范畴。

成功的界面设计是那些能让用户一眼就看到“最重要的东西”的界面设计。而另一方面，不重要的东西，不应该被注意到——有时候则是因为它们根本就没有出现在那儿。设计复杂系统的界面所面临的最大挑战之一，是弄清楚用户不需要知道哪些东西，并减少它们的可发现性（或者完全把它们排除出去）。

对于在程序开发方面有一定背景的人来说，这种思考问题的方式要求他们改变一些既往的思路。因为它与他们过去的思考方式完全不同。好的程序员总是要考虑到很少发生的场景（在开发术语里称为“边缘情况”）。毕竟，对于程序员来说最有成就感的事是建立一个“永远不会出错的系统”；但是不考虑到边缘情况的程序，很可能就在这些极端情况发生时出现错误。所以经验丰富的程序员，总是平等地对待每一种可能性，不管它代表了1个用户还是1000个用户。

这种思路对于界面设计是行不通的。一个将极端情况呈现出来的界面，等于给大多数用户提供一个设计不良的界面，而让少数用户满意。一个设计良好的界面是要组织好用户最常采用的行为，同时让这些界面元素用最容易的方式获取和使用。

这并不是说每一个界面问题的解决办法都是把用户最有可能点击的按钮设计成最大的那个。界面设计可以采用各种各样的技巧，使用户完成任务的过程变得容易。一个简单的技巧，就是在这个界面第一次呈现给用户的时候，仔细考虑每一个选项的默认值。如果你理解了用户的任务和目标，认为他们中的大多数人都希望在快速搜索的结果中看到更多细节的话，保持“显示更多细节”复选框为默认选中状态，就意味着大部分人都会对他们所得到的结果感到满意，无论他们是否花时间去阅读复选框的标签并做出自己的决定。另一个更好的做法，是能自动记住某个用户最后一次选择状态的系统，但这有时候比在界面上出现必要信息对技术有更高的要求，而且有可能的结果是对于某些开发团队来讲，是不切实际的、不可能成功实施的工作。

技术工具和体系自身的局限使得我们可选择的界面选项受到限制。这同时具有好和坏两个方面。坏的一面是因为它限制了我们发明的机会——一些在某种技术环境下很常见的界面方式根本不可能在另一种环境下实现。但是这种情况同样也具有好的一面，因为学习相对较小的标准控制方式的用户，可以把他们的知识应用到更大范围的产品中去。

界面的交互方式看上去不应该有什么改变，但它们确实在缓慢地发生着变化。新的技术带来新的需求，你也许需要重新审视已有界面的交互，或采用一种全新对话方式。用户体验设计师不停地寻找新技术产生的新交互的可能性，比如手势或触摸屏。我们在屏幕上所看到的标准控件很多都起源于像Mac OS或

Windows一样的桌面操作系统。这些操作系统提供了一小部分标准的界面元素：

复选框（checkbox）允许用户独立地选择各个选项。

☐ 复选框是独立的
☑ 所以它们可以是一小组

☐ 或只有一个

单选按钮（radio button）允许用户从一组互斥的选项中选择一个。

○ 单选按钮
○ 总是以一组的形式出现
○ 并且用于选择
◉ 互不相容的选项
○ Burma-Shave

文本框（text field）允许用户—等待着用户—输入文字

文本框能让你输入文字

下拉列表框（dropdown list）提供和单选按钮相似的功能，但是它们在一个更紧凑的空间中完成这件事，允许更有效地呈现更多的选项。

下拉列表框的工作方式类似于单选按钮

列表框（list box）提供和复选框相似的功能，但是它们在一个更紧凑的空间中做这件事（因为列表框有滚动条）。和下拉列表框相同，这使得列表框更容易支持大量的选项。

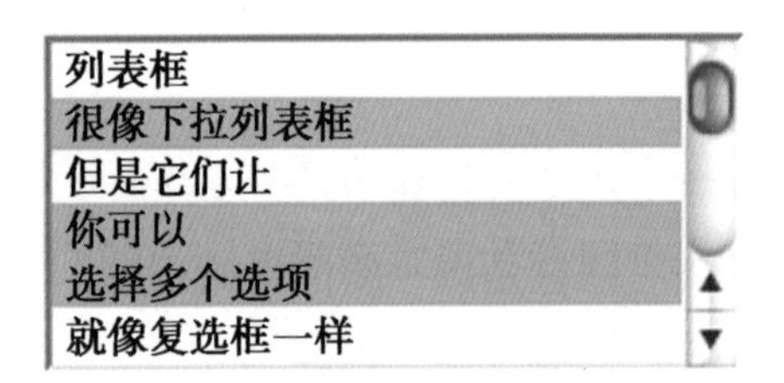

列表框
很像下拉列表框
但是它们让
你可以
选择多个选项
就像复选框一样

按钮（action button）可以做很多不同的事情。通常情况下，它们告诉系统接受用户通过其他界面元素提交的所有信息，并用这些信息来做一些事情—采取动作！

按钮执行动作

一些技术提供了一套同样的基本元素，但是不要强迫设计师必须要按这种方式来使用，在界面如何响应用户动作方面，需要一些更强的灵活性。不过，这些灵活性给界面设计过程增加了更多的选择，这也使得界面似乎很难被正确地应用。

下拉列表框（左）由于在视觉上隐藏了重要的选项，可能会妨碍用户。单选按钮（右）很容易显示所有可选项，但它们需要更多的界面空间。

妥善处理所有不同的界面元素，并从它们中间选择合适的那个，这不可避免地会涉及权衡问题。的确，下拉列表框比起一组单选按钮来能为你节约页面的一些空间，但是它也使用户不能一眼看到可选的选项；让人们输入他们想要搜索的分类名称，也许会降低数据库的载入负担，但是这个负担却转移到了用户身上；如果不管怎样都只有六个选项，也许一些复选框会更好。

导航设计

网站的导航设计看上去像是一件很简单的工作：在每个页面上放一些允许用户浏览整个网站的链接。但如果你去掉界面，导航设计的复杂性就会变得显而易见。任何一个网站的导航设计都必须同时完成以下三个目标：

第一，它必须提供给用户一种在网站间跳转的方法。由于一般来讲把每个页面和别的都链接起来是不现实的（即使是现实的，它也不是一个好方法），导航元素就必须选择那些能促进用户行为的，也就是说，这些链接必须也是真实有效的。

第二，导航设计必须传达出这些元素和它们所包含内容之间的关系。仅仅提供一个链接的列表是不够的。这些链接相互之间有什么关系？是否其中一些比别的更重要？它们之间相关的差异在哪？这些传达出来的信息对于用户理解“哪些选择对他们是有效的”是非常必要的。

第三，导航设计必须传达出它的内容和用户当前浏览页面之间的关系。其他的那些内容对于我正在浏览的这个页面有什么影响？这些传达出来的信息帮助用户去理解“哪个有效的选择会最好地支持他们的任务或他们想要达到的目标”。

即使对于那些不是信息导向（甚至根本就不是网站）的产品来讲，这三个目标也必须要纳入考虑范围。你需要用导航来帮助用户找到他们周围的出路，除非你所有的功能都集中在一个界面上。在物理空间中，人们可以在某种程度上依靠天生的方向感来给自己定位（当然，有些人永远失去了这种感觉）。但是这些帮助我们在真实世界中找到方向的大脑机制（让我们来看看，我觉得我进来的那个入口应该在我的左后方），在信息空间中根本起不到作用。

这就是在网站中清晰地告诉用户“他们在哪儿”以及“他们能去哪儿”非常重要的原因。用户在信息空间中对自身的定位是什么样的，目前还存在很大的争议：一些人很坚定地认为，当用户访问网站的时候，用户的脑子里已经有了一张大概的地图，就像他们在五金商店和图书馆一样；反对方则认为，用户完全依赖于导航以及在他们面前的一些指示线索，好像他们在网站中走过的每一步，都会在走过以后不久逐渐地从记忆中消退一样。

我们很难知道人们是怎样在脑海中记忆（或能记住多少）网站结构的。在我们弄清这件事以前，最好的方法就是假设用户不会将上一页的信息带到下一页中（毕竟，如果一个类似Google一样的公众搜索引擎收藏了你的网站，任何一个页面都可能成为你的网站的入口）。

大多数的网站实际上都会提供一个多重的**导航系统**（navigation system），每一个都要完成在各种情形中成功引导用户的任务。在实践过程中涌现出了几种常见的导航系统。

全局导航（global navigation）提供了覆盖整个网站的通路。这里使用“全局（global）”这个名词并不是暗示着这个导航会出现网站的每一个页面中—即使这不算是一个坏主意（我们使用“固定”一词来表示贯穿整个网站的导航；再次提醒的是，固定的元素不一定就是全局的），相反，全局导航提供的是用户最有可能需要从网站的最终页面到其他什么地方的一组关键点。全局导航的一个经典应用，就是在导航栏放上能到网站所有主要栏目的链接。不管你想去哪儿，你都能从全局导航中（最终）到达那儿。

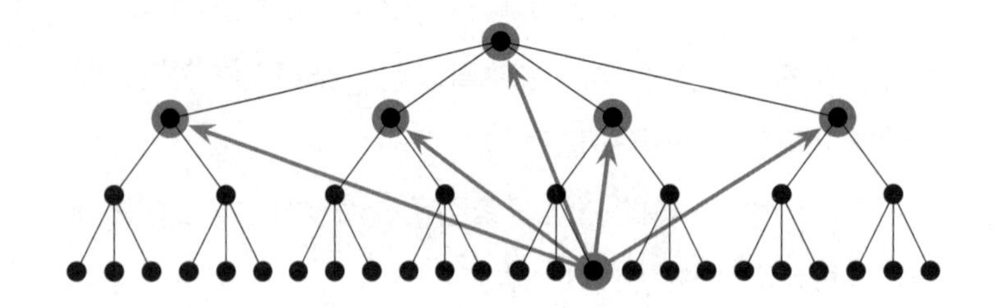

全局导航

局部导航（local navigation）提供给用户在这个架构中到“附近地点”的通路。在一个严格的层次结构中，局部导航可能只提供一个页面的父级、兄弟级和子级通路。如果你的架构反映了用户对这个网站的内容结构的思路，那么局部导航通常都会比其他导航系统更有用。

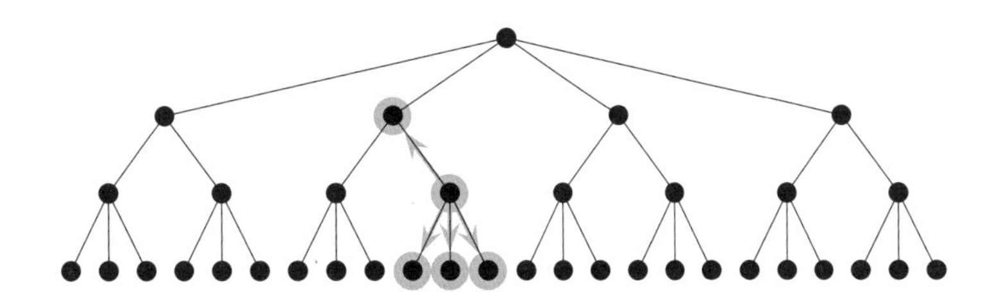

局部导航

辅助导航（supplementary navigation）提供了全局导航或局部导航不能快速达到的相关内容的快捷途径。这种类型的导航提供了一些分类方面的好处（允许用户转移他们浏览时的方向，而不需要从头开始），同时仍然能让网站保持一个主要的层级结构。

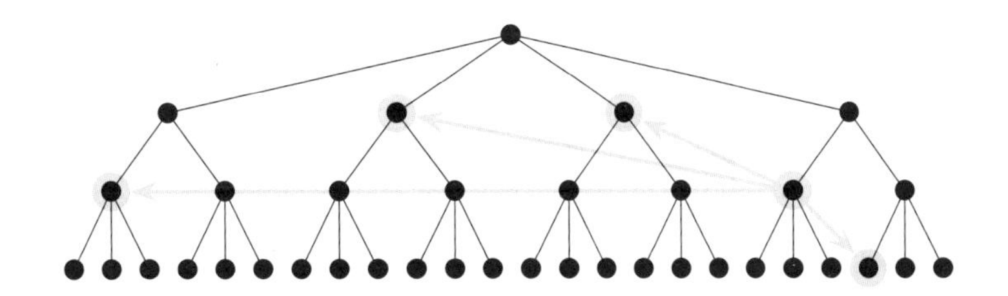

辅助导航

上下文导航（contextual navigation，有时也叫“内联导航”）是嵌入页面自身内容的一种导航。这种类型的导航（比如，一个在页面文字中的超级链接）常常没有得到充分利用或应用不当。其实用户需要额外信息的时候，恰恰是在他们读文本的时候。与其强迫你的用户去扫描右侧的导航元素（或者更糟的是，让他们不得不求助于搜索引擎）还不如放一些相关的链接在他正在读的地方。

所有这些方法都要回到战略层去看一看，对你的用户和他们的需求理解得越准确，你的上下文导航就能设计得越高效。如果它们不能明确地支持用户的任务和目标（如果你的文字中塞满了超级链接，那么用户就会不知道哪个是他们需要的）那么上下文导航将（很正确地）被看成一团乱麻。

上下文导航

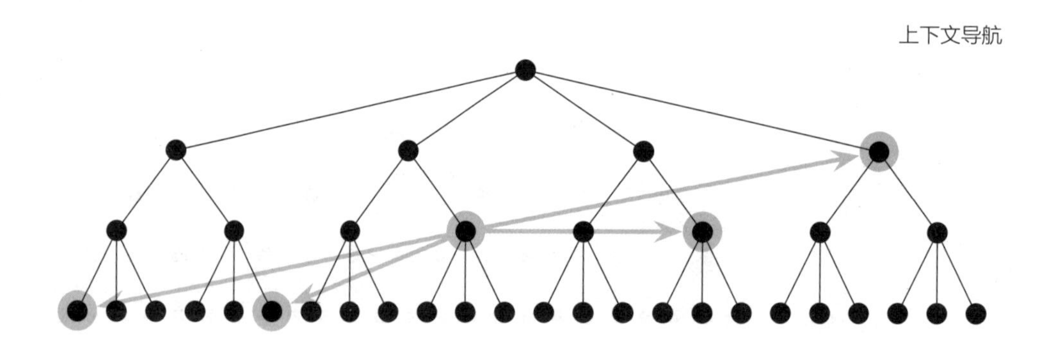

友好导航（courtesy navigation）提供给用户他们通常不会需要的链接，但它们是作为一种便利的途径来使用的。在物理世界，一个零食商店常常把它的营业时间摆放在入口处。对于大多数时候的大部分购物者来说，这种信息并不总是有用的：任何人都可以很快地告诉他这个商店是否正在营业中。但是你需要知道的是，这种信息在他们确实需要的时候就能快速有效地帮助到他们。联系信息、反馈表单和法律声明的链接通常都放置在友好导航中。

一些导航并没有包含在页面结构中，而是以它们自己的方式存在，独立于你的网站的内容或功能。这些称为**远程导航**（remote navigation）的工具，在用户被你所提供的其他导航系统搞得头昏脑涨，或在看过你的导航系统，他们很快决定放弃，想都没有想过要弄明白它们的时候，大部分人都会想从远程导航中找到解决办法。

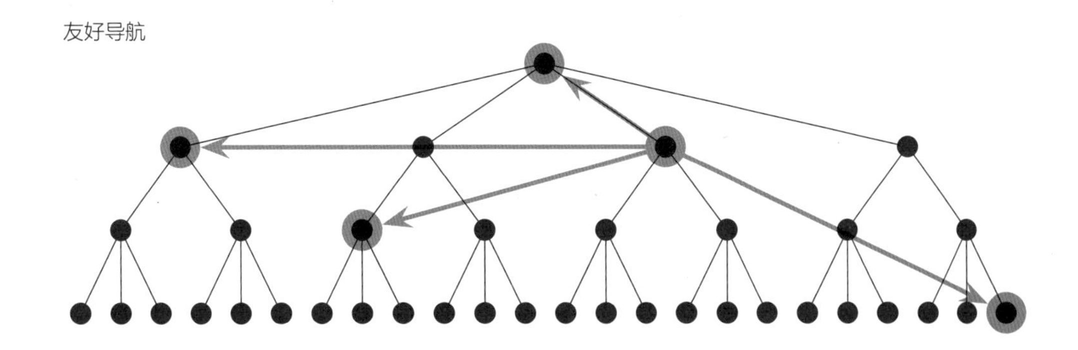

网站地图（site map）就是一种常见的远程导航工具，它给用户一个简明的、单页的网站整体结构的快捷浏览方式。网站地图通常作为网站的一个分级概要出现，提供所有一级导航的链接，并与缩进显示的、主要的二级导航链接起来。网站地图通常不会显示超过两个层级的导航——这之后更详细的内容往往超出了用户的需求（如果不是的话，那就是你高层次的结构定义错了）。

索引表（index）是按字母顺序排列的、链接到相关页面的列表，它与一些书最后所列的索引表非常相像。这种类型的工具对于涵盖了不同主题的、大量内容的网站非常有效。在大多数情况下，一个网站地图和一个规划良好的结构应该足够了。索引表有时会为网站的某个部分特别开发，而不是要去覆盖整个网站的内容；如果你的网站试图相对独立地服务于拥有不同信息需求的不同用户，这个方法会非常有用。

信息设计

信息设计总是很难入手，它常常充当一种把各种设计元素聚合到一起的黏合剂的角色。最后，信息设计变成决定如何呈现这些信息，使人们能很容易使用或理解它们。

有时信息设计是视觉上的。对我们的用户来说，饼图是展现数据的最好方式？还是柱状图更好一点？是“望远镜”能充分表达网站的搜索概念，还是一个“放大镜”更容易理解？

有时信息设计涉及“分组”或“整理”散乱的信息。我们通常把这方面的设计看成理所应当的，因为我们过去对信息设计的理解正是这种。举个例子来说，看看下面这个列表：

省份
职位名称
电话号码
地址
姓名
邮政编码
所在公司
所在城市
E-mail地址

它看上去有一点让人迷惑，因为通常我们都会这样排列：

姓名
职位名称
所在公司
地址
所在城市
省份
邮政编码
电话号码
E-mail地址

即使是这样的排列也可以更进一步地整理成这样：

个人信息
姓名
职位名称
所在公司
联系方式
地址
所在城市
省份
邮政编码
其他联系方式
电话号码
E-mail地址

这个例子看上去很简单明了，现在我们用一个略有不同的列表来证明这项工作的挑战性：

功率限制

转轴尺寸

油箱容积

变速器类型

角速率中间值

底盘类型

最大输出功率

当然，最关键的是用一种能“反映用户的思路”和“支持他们的任务和目标”的方式来分类和排列这些信息元素。在这些元素之间的概念的关系是真正属于微观信息架构的；当我们必须要在这个页面上传达结构的时候，信息设计就呈现它的作用了。

由于界面不仅仅只是用来收集用户的信息，它还需要向用户呈现信息，所以信息设计在解决界面设计的问题中扮演了重要角色。错误提示是在设计一个良好界面时，经常需要考虑的信息设计问题；如果你想让用户真正去阅读某个使用手册的话，如何设计这个使用手册也是信息设计的问题。不管什么时候，系统都应该给用户提供能正确使用系统的信息（无论是用户出现了错误还是刚刚开始使用），这些都是信息设计的工作范畴。

指示标识

将信息设计和导航设计结合到一起，有一个重要的作用：支持**指示标识**（wayfinding），这是用来帮助用户理解“他们在哪”以及“他们能去哪”的系统。指示标识的概念来自于物理世界中公共空间的设计。公园、商场、公路、机场和停车场，大部分都从指示设施中获益。比如说停车场，有时候会使用“颜色编码（color coding）”来为人们提供线索，帮助他们记住停车的地方。在机场，标志、地图以及其他的指示设施，帮助人们找到他们周围的路径。

在网站中，指示标识通常会涉及导航设计和信息设计。一个网站的导航系统不仅仅是要提供到网站不同区域的通路，还必须要清晰地传达出这些选项。好的指示标识能使用户很快地得到一个心理图像，“他们在哪儿”“能去哪儿”和“哪条路能使他们离自己的目标更近”。

指示标识的信息设计元素涉及页面元素，并不是以导航功能来执行的。比如说，就像停车场一样，一些网站非常成功地使用了“颜色标识”来告诉用户他们正在看的是哪个部分（无论如何，颜色编码几乎从来没有被独立使用过——相反，它用于在合适的位置强化另一套指示系统）。图标、标签系统和排版是另外的信息设计方式，有时用于帮助用户加强“你在这里”的感觉。

线框图

页面布局是将信息设计、界面设计和导航设计放置到一起，形成一个统一的、有内在凝聚力的架构。页面布局必须结合所有类型的导航系统，每一个旨在传达在不同结构中的视图设计；也必须结合任何一个在这个页面上的功能所需要的所有界面元素；还包括支持以上这些内容的信息设计，当然也包括在这个页面上内容的信息设计本身。

这一次需要平衡很多东西。这就是页面布局被纳入一个详细的文档，并称为页面示意图或**线框图**（wire frame）的原因。这个线框图是对一个页面中所有的组成部分以及它们如何结合到一起的最直观的描述（正如它的名字一样）。

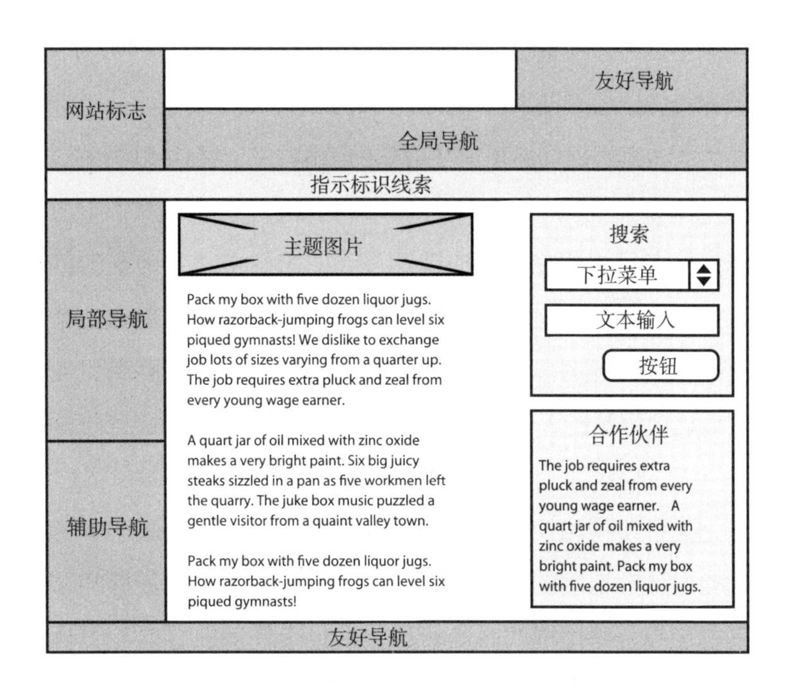

线框图捕获所有在框架层做出的决定，并用一个文档来展现它们。它作为视觉设计和网站实施的参考来使用。线框图可以包括各种不同程度的细节——你看到的这个是非常粗略的。

这些简单的线条绘制的图一般要着重注明、建议读者在必要的时候参考结构图表或其他交互设计文档、内容需求或功能规格说明，或者其他类型的详细文档。举例来说，如果一个线框图涉及个别已有的内容元素，它也许会给出指示，说明他们在哪儿能找到这些内容。另外，线框图通常还包括附加说明，用于说明在线框图和结构图表看得不太明显的网站行为。

现在，让我们再回去看看结构层的结构图示，它是这个项目的一个宏伟远景；而在框架层，线框图是正是展示那些远景如何完成的详细文档。线框图有时也需要导航规格的支持，以便能更详细、准确地描述各种导航元素的每一个组成成分。

对于更小或更简单的产品来说，一个线框图就足够作为所有即将建立界面的模板。对于大多数项目来说，无论如何，都需要用多个线框图来传达复杂的预期结果。不过，你不需要为网站的每一个界面都准备一个线框图。正如结构设计流程允许我们把内容要素总结成不同的类别或类型一样，一个数量相对较少的标准界面类型，将根据你的功能或导航的不同，在绘制线框图的过程中慢慢浮现。

线框图在正式建立网站的视觉设计的流程中，是必要的第一步，但是几乎每一个参与这个开发过程的人都会在其他任务点中使用它。负责战略层、范围层和结构层的设计者可以借助线框图来保证最终产品能满足他们的期望。真正负责建设这个网站的人，则使用线框图来回答关于网站应该如何运作的问题。

作为信息架构和视觉设计汇集的地方，线框图变成了争论和纠纷的中心。用户体验设计师抱怨创建线框图的设计师将导航系统背后的结构描绘得模糊不清，不能正确反映结构的基本概念。视觉设计师抱怨绘制线框图的用户体验设计师将他们的功能减少成一个数码绘画师的角色，浪费了他们为信息设计问题带来的、在视觉传达方面的经验和专长。

当你有两个独立的信息架构师和设计师的时候，绘制出成功的线框图的唯一办法就是“协作”。在共同协作做出线框图的细节的过程中，双方都可以站在对方的角度来看待一件事，并且在这个过程中还有助于及早地揭示出问题（而不是到后来，在这个网站正在建设的时候，每个人都纳闷为什么没有像计划中那样运作）。

所有这些使线框图听起来像是一件非常庞大的工作。这不一定。文档本身并不是目的，它只是达到目的的一种手段。为了文档本身而创建文档不仅仅是在浪费时间——它可能还会降低生产力和打击工作积极性。根据你的需求来撰写正确级别的文档（同时不要欺骗自己可以用较少的文档糊弄过去）才能将文档从一件麻烦事变成一件有益的事。

我曾经画过一些成功的线框图，仅仅是用即时贴和画在它们上面的架构就完成了。对于一个设计师和程序员座位紧挨在一起的小团队而言，这种级别的文档已经完全足够了。但是当程序员对整个团队负责而不是一个人的时候（甚至这个团队在地球的另一端）那么就需要一些较为正式的文档了。

线框图是整合在框架层的全部三种要素的方法：通过安排和选择界面元素来整合界面设计；通过识别和定义核心导航系统来整合导航设计；通过放置和排列信息组成部分的优先级来整合信息设计。把这三者放到一个文档中，线框图就可以确定一个建立在基本概念结构上的架构，同时指出了表现层的设计应该前进的方向。

07

第7章

表现层

感知设计

表现层

框架层

结构层

范围层

战略层

在这个五层模型的顶端，我们把注意力转移到产品用户会首先注意到的地方：感知设计。这里，内容、功能和美学汇集到一起来产生一个最终设计，完成其他四个层面的所有目标，并同时满足用户的感官感受。

感知设计

界面设计 导航设计

信息设计

交互设计 信息架构

功能规格 内容需求

用户需求

产品目标

表现层定义

在框架层，我们主要解决放置的事情。界面设计考虑可交互元素的布局，导航设计考虑在产品中引导用户移动的元素的安排，而信息设计考虑传达给用户的信息要素的排布。

再向上就是表现层，我们要在这里解决并弥补“产品框架层的逻辑排布”的感知呈现问题。举个例子来说，通过关注信息设计，我们决定了这些信息元素应该如何分组和排列；通过关注视觉设计，我们决定这种安排在视觉上应该如何呈现。

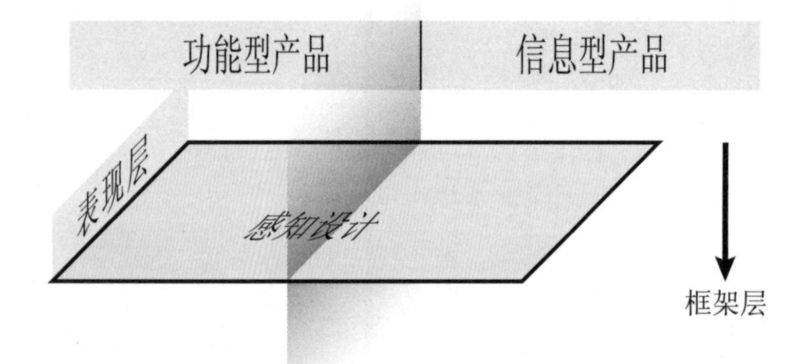

合理设计感知

我们的每一次经历（不只是使用产品或服务的经历，还包括与这个世界、与其他人交流的经历）最终都是通过我们的感觉器官来进行的。在整个设计流程中，这是为我们的用户提供体验的最后一站：决定我们的设计最后要如何被人类的感觉器官感受到。这些感受由五个方面组成：视觉、听觉、触觉、嗅觉和味觉。哪些感受将被纳入设计是由我们的产品类型决定的。

嗅觉和味觉

除了食物、香水，或香味产品之外，嗅觉和味觉设计是用户体验设计师很少考虑的范畴。诚然，人们有时会对一个产品的气味产生强烈的联想（比如，“新车的气味”所代表的是一辆刚刚出厂的新汽车，在所有人的脑子里关于“新”的定义，已经被广泛接受）但是这些气味通常取决于那个产品所选用的材料，而非用户体验设计师所能决定的。

触觉

实物产品的触觉体验是属于工业设计领域的概念。工业设计师主要关注的是用户和产品之间的物理接触。这包括相关的界面设计、交互设计（比如手机上的按钮布局），也包括纯粹的感官设计，比如设备的外形（圆形？方形？），所使用的材质（光滑？磨砂？）和采用的原料（塑料？金属？）等。得益于振动设备，基于屏幕交互的产品也开始有了触觉体验了。手机和手持游戏设备都可以通过振动来与用户互动。

听觉

声音可以应用到很多不同种类的产品中。感谢汽车上那些各种各样、长短不同的哔哔嘀嘀声所传递出来的信息：你的大灯还开着呢、你没系安全带、车门没关好、你的车钥匙还挂在点火器上呢。声音不仅可以用来通知用户，还可以使产品变得更具个性。举个例子来讲，TiVo 用户在使用它的导航时，可以轻易地理解各种各样的“哔”“砰”“嘭”声所代表的含义。

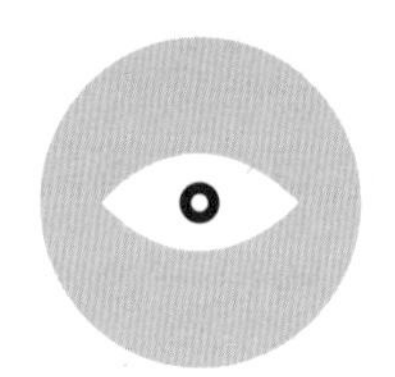

视觉

这是用户体验设计师最得心应手的领域，因为几乎所有的产品都会涉及视觉设计。出于这个原因，本章的剩余部分将集中讨论视觉设计是如何支持用户体验的。

一开始，你可能会认为视觉设计就是一件很简单的事：美术。对于什么构成了视觉上的愉悦感觉，每个人都有不同的品味和想法，所以关于设计方案的每一次讨论总会归结到个人偏好上，不是吗？嗯，的确每个人对于美感都有不同的见解，但是这并不意味着设计决策就必须建立在所有参与者都认为“酷”的那个方案上。

代替用“什么具有美感”来评估一个视觉设计方案的是，你应该把注意力集中在它们的“运作是否良好”上。对于那些在之前的层面就确定的目标，视觉设计给予它们的支持效果如何？例如，产品的外观有没有破坏结构，有没有使结构中的各个模块之间的区别变得不清晰、模棱两可？或者，外观有没有强化结构，使用户可用的选项清楚明了？

比如，传达品牌的形象，这是一个网站的最常见的战略目标之一。传达品牌形象有很多种方法（你的网站所使用的语气，或网站功能的交互设计），但用于传达品牌形象的主要工具之一是视觉设计。如果你想表达的品牌形象是技术性和权威性，那么使用漫画字体和亮粉色可能就不是正确的选择。这不仅仅是一个美学的问题，而是战略定位的问题。

忠于眼睛

评估一个产品视觉设计的简单方法之一，是提出这样的问题：你的视线首先落在什么地方？哪个设计要素在第一时间吸引了用户的注意力？它们是对于战略目标来讲很重要的东西吗？或者用户第一时间注意到的东西与他们的（或你的）目标是背道而驰的吗？

研究人员有时使用精密的**眼球追踪**（eyetracking）仪器来确定被测人到底正在看什么，以及他们的视线是如何在这个屏幕上移动的。无论如何，如果只是想略微调整一下某个页面的视觉设计，那么一般你只需要简单地询问一下人们就可以了——甚至你自己也可以。有时这种方法不能提供最准确的结果，并且它也永远无法捕捉眼球追踪仪器能提供的细微差别。但是大多数时候，简单地询问是非常适合的。另一种找出主要设计元素的方法是眯着眼睛或斜着去看这个页面，直到你不能认出任何细节——或者走到房间的另一头从那个地方来看这个页面。

然后试着确定视线所停留的地方。如果你本人是被测者，那么一定要注意你的眼睛在页面周围的、无意识的移动。对于你正在看的东西，不要想得太多，只要让你的视线自然地落在页面上。如果另外还有一些被测者，让他们按被吸引的顺序来指出页面中的那些元素。

一般情况下，你会发现，人们视线的移动方式遵循着相当一致的模式——毕竟，这些大多数是无意识的、本能的移动。如果测试的报告显示，某些人的视线移动和别人的模式不一样，那么他们有可能是没有真正察觉到自己眼睛的自然移动，或者他们只是把他们认为你想听到的事情告诉你了（或者两者都有）。

如果你的设计是成功的，用户眼睛的移动轨迹的模式应该有以下两个重要的特点：

首先，它们遵循的是一条流畅的路径。如果人们评论一个设计是“忙碌”或“拥挤”时，这表示这个设计确实没能顺利地引导他们在页面上移动。他们的眼睛在各种各样的元素之间跳来跳去，所有的元素都在试图引起他们的注意。

其次，在不需要用太多细节来吓倒用户的前提下，它为用户提供有效选择的、某种可能的“引导”。就像我们一直在说的那样，这些引导应该支持用户试图在此刻通过与产品交互去完成的某个目标和任务。也许更重要的是，这些引导不应该分散用户对那些“能完成目标的信息或功能”的注意力。

用户在页面上的视线移动并不是随机的。它是一种所有人类共有的、对于视觉刺激而产生的、一系列复杂的原始本能反应。对于我们设计师而言，非常幸运的是，这些反应并不是完全无法控制的——数百年以来，我们已经发展出了各种各样的有效的视觉手段来吸引或分散注意力。

对比和一致性

在视觉设计中，我们用于吸引用户注意的一个主要工具就是**对比**（contrast）。一个没有对比的设计，会被看成一个灰色的、平凡的东西，导致用户的视线四处游离，而无法解决任何特别的事情。把用户的注意力吸引到界面中的关键部分，对比是一个重要手段，能帮助用户理解页面导航元素之间的关系。同时，对比还是传达信息设计中的概念群组的主要手段。

当一个元素在设计中显得与众不同时，用户就会注意到。这是他们不能控制的。你可以利用这个本能的行为来使用户注意到那些“真正需要从这个页面的其他元素中突出的东西”。在网页界面上的错误提示通常会被融进页面的其他元素中；通过给文本一些不同的颜色（比如说，红色）或用一个醒目的图形将它们凸显出来，就能让整个界面完全不同了。

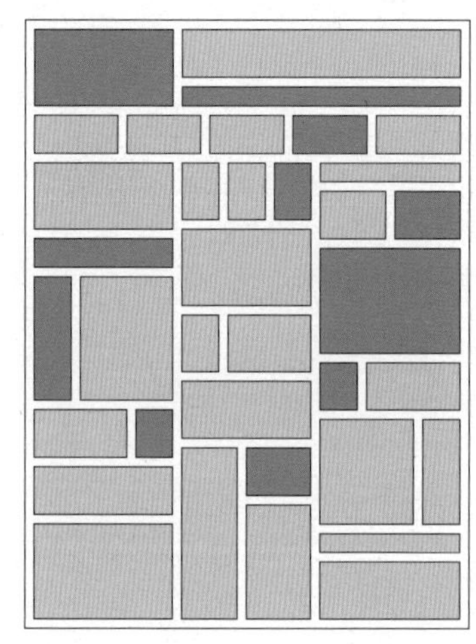

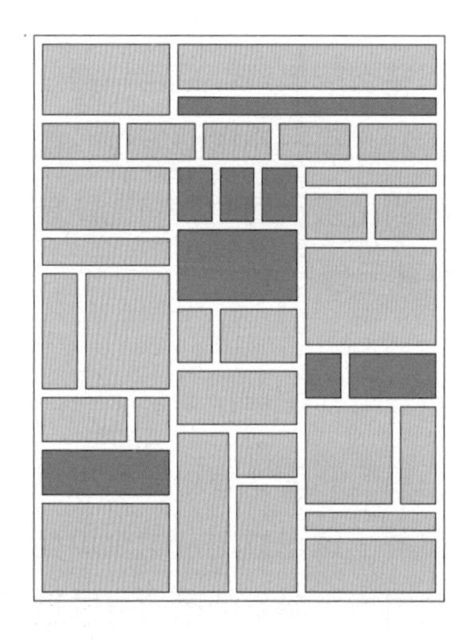

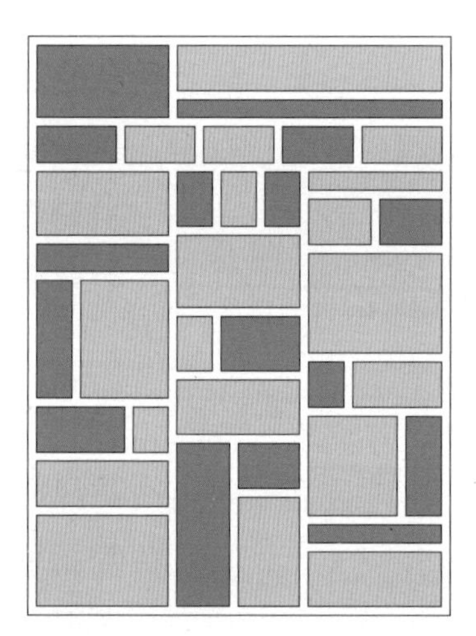

一个视觉上的中性布局（左上），没有任何一个元素突出。对比可以用来引导用户在页面上的视线（右上）或将他们的注意力吸引到几个关键要素上（左下）。过度的对比导致了混乱的视觉（右下）。

不管怎样，这些工作的总体策略是，让“差异”必须足够清晰，用户要足够分辨出某个设计选择是特意要传达一些信息的。当两个设计元素的处理相似又不太一样的时候，用户会就会困惑。“为什么这些会不一样？它们本来是一样的吗？也许只是弄错了。还是我应该在这里注意到什么东西吗？”而事实是，我们希望这两者都能抓住用户的目光，并且让他们认为这是有意而为之的。

在你的设计中保持**一致性**（uniformity）是另一个重要的组成部分，它能使你的设计有效地传达信息，而不会导致用户迷惑或焦虑。“一致性”在视觉设计的许多不同方面都会起到作用。

将视觉元素的大小保持一致的尺寸，这可以使你在需要的时候把它们更容易地重新组合成一个新的设计。举个例子来说，如果你在导航中使用的所有图形按钮都是同一个高度，那么它们就可以在需要的时候被混合并匹配，而不会形成一个布局杂乱或要求重新设计的图形。

基于栅格线（grid-based layout）的布局是来自平面设计的一种技术，是一种对网页也同样有效的技术。这个方法通过使用“母版”来确保设计的一致性，各种布局都是根据这个模板来创建的。不是每一个布局都要使用栅格的每一个部分（事实上，大多数的布局可能只会用到很少的一部分）但是每一个元素在网格上的位置应该是统一和一致的。

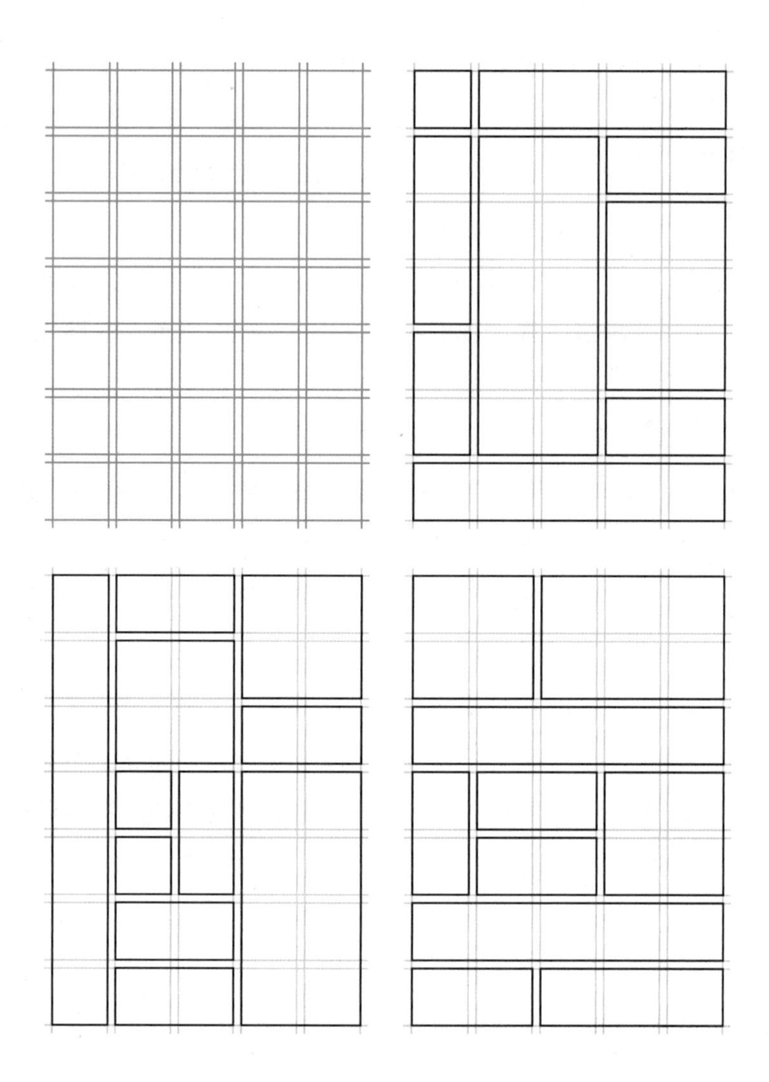

创建一个栅格来指导布局工作可以保证一致性而不会牺牲统一。

不管怎样，由于设备、屏幕尺寸和屏幕分辨率千差万别，把栅格应用到屏幕交互式产品上不会像平面设计一样简单。你很容易就掉到“坚持使用栅格系统”的漩涡之中(或者任何一种可以保证一致的标准)甚至在它们根本就行不通的时候。在没有设计标准的情况下进行工作是不好的，但是教条地遵守设计标准，而不顾你适当的需求就可能会更糟。

也许产品采取了一个在栅格被开发出来的时候没有人能想象出来的新功能，也许这个栅格从一开始就不怎么行得通。不管原因是什么，重要的是，你要能认识到什么时候应该重新考虑设计系统的基础。

内部和外部的一致性

由于网站被生产出来的方法通常是在企业内部的、其他进行中的设计中，被逐渐、临时、独立生产出来的，所以它们的视觉设计的一致性已经被折腾得千疮百孔了，它们的毛病一般会有以下两种形式：

内部一致性的问题。这是说，在产品的两个不同的地方反映了不同的设计方法。

外部一致性的问题。这是说，这个产品没有在同一个企业的其他产品中，反映出被使用的相同的设计方法。

解决“内部一致性”问题比较好的办法，是建立在对网站框架的深刻理解上的。其中的关键在于，确定有可能在产品各种各样的界面、导航和信息设计等不同环境中反复出现的设计元素。在进行设计之前，从这些不同的环境中将每一个设计元素独立出来，通过这个方法，我们就可以更清楚地看到困扰我们的小规模问题，而不是被环境所造成的大规模问题分散了注意力。与其一次又一次地设计同样的元素，还不如像这样只设计一次，然后将这个设计方案应用到整个产品中去。

对于这样的一种工作方法，我们还是必须要检查这些设计元素在不同环境中的呈现。可能一个较大的、圆形的、红色的“停止”按钮在结账页面上的表现不错，但是它放到一个拥挤的产品定制页面的时候，这个视觉效果可能就不那么理想了。最好的办法是设计出每一个独立的元素，试着在不同的环境中应用它们，然后在需要的时候进行调整。

即使大多数的设计元素被相对独立地设计出来，它们最终还是要放到一起的。一个成功的设计不仅仅是收集小巧的、精心设计的东西；相反，这些东西应该能形成一个系统，作为一个有凝聚力、连贯的整体来使用。

用一个“统一的品牌识别形象”强化呈现在你的用户（客户、潜在客户、管理层、员工或其他访问者）面前的产品“跨媒体的一致性”，这种品牌识别的一致性应该呈现在你产品的每一个层级的设计中，从每个界面都会出现的导航元素到只出现一次的普通按钮。

呈现一个在其他媒体上有的、与你的产品不统一的样式，影响的不仅仅是访问者的印象；它还影响了他们对整个企业的印象。人们会对那些具有明确定义的企业产生积极向上的印象。不统一的视觉样式会破坏你的企业形象的清晰程度，并且留给访问者一个“企业还没搞清楚自身定位”的坏印象。

配色方案和排版

色彩可能是向外界传递品牌识别的一个最有效的方法。一些品牌与色彩具有如此密切的关系，很难相信如果没有色彩，这些企业如何才能被不假思索地记住——想想可口可乐、UPS或柯达。这些企业多年来一直坚持使用了同一种很特别的颜色（红、棕、黄），这在公众的脑海中创造了一个很强烈的感觉。

这并不是说他们使用这些色彩而排斥其他所有的颜色。核心的品牌色彩通常是一个更广泛的**配色方案**（color palette）的一部分，这套配色方案是要在一个企业的所有材料中得到应用的。一个企业的标准配色方案中所使用的色彩，是为了它们在一起工作而专门挑选出来的，它们之间是互补而不冲突的。

一套配色方案应该能整合其中的色彩，以便于能将它们应用到一个广泛的范围之中。在大多数情况下，更亮或更醒目的色彩可以用于设计你的前景色——那些你希望得到更多注意的元素中。更暗淡的色彩最好用于那些不需要跳出页面的背景元素中。拥有多种可选择的色彩，为我们提供了一套能做出高效的、可供设计选择的工具包。

正如“对比”和“一致性”对于视觉设计的其他领域很重要一样，它们在创建配色方案时也扮演了一个重要的角色。在同样的环境中使用时，一个非常接近其他颜色但又不完全一样的色彩，会破坏你的配色方案的效率。这并不意味着你只能使用一种红色、蓝色，等等。这是说如果你想使用不同色度的红色，要保证它们之间的差异足够用户把它们区别开，同时也用了一致的方式来应用它们。

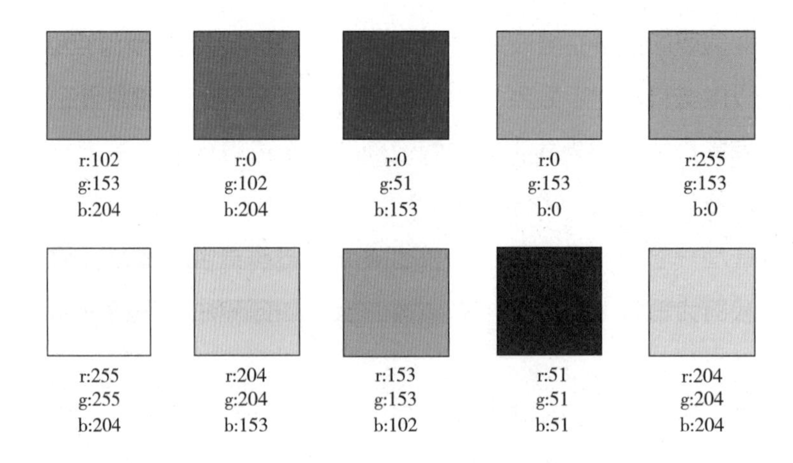

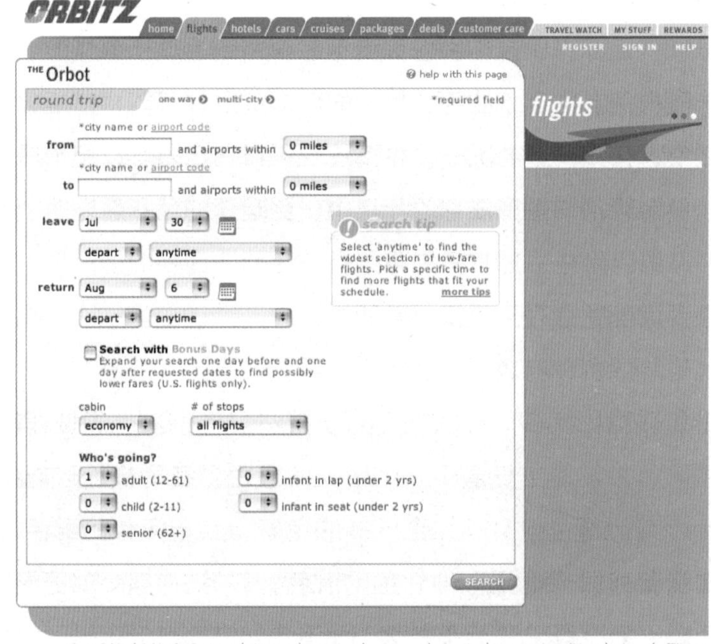

Orbot的特性和功能采用了受限的配色方案（上图），之后将其应用到了网站上（下图）。

对于一些企业来说，**排版**（typography）（对于创建一个特殊的视觉样式而言，如何使用字体或字形）对他们的品牌识别是如此重要，他们已经发明了特殊的字形来专门供自己使用。一些企业，从苹果电脑到大众汽车，再到伦敦地铁，甚至Martha Stewart（知名家居品牌），都已经使用了专门定制的字形，在他们的品牌传达中创建一个强烈的印象。即使你选择不采取这个特殊的步骤，字体仍然可以作为“用设计来有效传达形象”的一部分来利用。

对于正文来讲，任何文本都会呈现在一个较大面积的区域并且被用户长时间地注视，因此，简单最好。面对华丽字体组成的大段文本，我们的眼睛很快就会疲倦。这就是Helvetica或Times等简单的字体被广泛使用的原因。当然，它们不是你唯一的选择，你没有必要为了可读性而牺牲风格。

对于更大的文本元素或者类似在导航元素中看到的短标签一样的文本，稍微具有个性的字体是非常恰当的。但我们的目标之一，不是用混乱的视觉或不必要的各种字体（甚至通过不一致的方式来使用一小部分字体）来吓跑我们的用户，而是要对那种凌乱的感觉有所贡献。在大多数情况下，你不需要用太多字体来满足你的沟通需求。

有效地使用字体的原则与那些视觉设计的其他原则完全一样：不要使用非常相似但又不完全一样的风格。只有在你需要传达不同的信息时才使用不同的风格。风格之间要有足够的“对比”才能在你需要的时候吸引到用户的注意，但是不要使用过于广泛和多样的风格。

设计合成品和风格指南

在视觉设计领域中对线框图最直接的模拟是**视觉模型**（visual mock-up）或**设计合成品**（design comp）。"合成"的意思是"综合的"，因为确切地说,它就是从已选定的组件中建立起来的、一个最终的可视化产品。这种合成物显示了各个独立的组件是如何结合到一起形成一个有机的整体的；或者，如果它们没有组成一个整体，就说明某个地方破坏了它，同时也表明这是一个任何解决办法都必须要考虑到的约束条件。

你应该能看到在线框图的组件和设计合成品的组件之间的一个简单的一对一的相互关系。这个合成品不一定忠实地再现了线框图的布局——事实上，它也不需要这样。线框图没有说明视觉设计的关注点，而是侧重于记录框架层。在我们处理设计合成品之前建立起线框图，使我们首先能独立地了解到框架层的问题，然后再关心到表现层的问题。尽管如此，线框图的核心概念，尤其是信息设计方面，应该显著地呈现在设计合成品中，即使它们没有精确地按照在线框图中出现的样子来进行组合。

LOGO

BRANDING AREA

COURTESY NAV

GLOBAL NAV

FEATURED ITEMS

SUPPLEMENTAL NAV

TOP NATIONAL STORIES

TOP LOCAL STORIES

视觉设计不一定要精确地按照线框图来做——只要它考虑到了相关的重要级别以及线框图中各元素的组合关系。

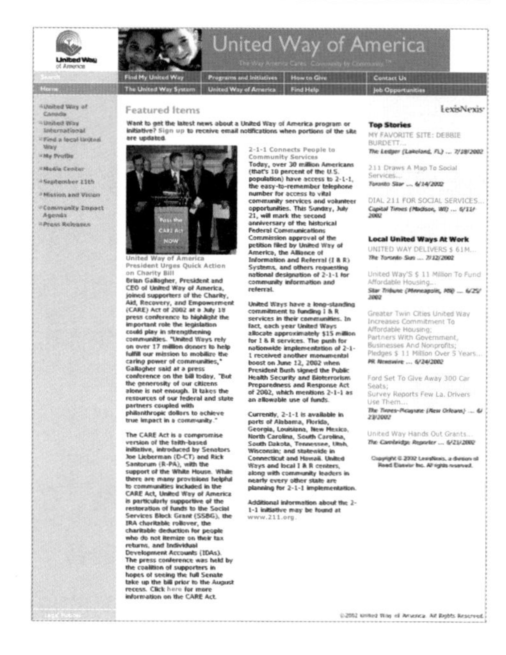

United Way of America

Find My United Way | Programs and Initiatives | How to Give | Contact Us

The United Way System | United Way of America | Find Help | Job Opportunities

Home

- United Way of Canada
- United Way International
- Find a local United Way
- My Profile
- Media Center
- September 11th
- Mission and Vision
- Community Impact Agenda
- Press Releases

Featured Items

Want to get the latest news about a United Way of America program or initiative? Sign up to receive email notifications when portions of the site are updated.

United Way of America President Urges Quick Action on Charity Bill

Brian Gallagher, President and CEO of United Way of America, joined supporters of the Charity, Aid, Recovery, and Empowerment (CARE) Act of 2002 at a July 18 press conference to highlight the important role the legislation could play in strengthening communities. "United Ways rely on over 17 million donors to help fulfill our mission to mobilize the caring power of communities," Gallagher said at a press conference on the bill today. "But the generosity of our citizens alone is not enough. It takes the resources of our federal and state partners coupled with philanthropic dollars to achieve true impact in a community."

The CARE Act is a compromise version of the faith-based initiative, introduced by Senators Joe Lieberman (D-CT) and Rick Santorum (R-PA), with the support of the White House. While there are many provisions helpful to communities included in the CARE Act, United Way of America is particularly supportive of the restoration of funds to the Social Services Block Grant (SSBG), the IRA charitable rollover, the charitable deduction for people who do not itemize on their tax returns, and Individual Development Accounts (IDAs). The press conference was held by the coalition of supporters in hopes of seeing the full Senate take up the bill prior to the August recess. Click here for more information on the CARE Act.

2-1-1 Connects People to Community Services

Today, over 30 million Americans (that's 10 percent of the U.S. population) have access to 2-1-1, the easy-to-remember telephone number for access to vital community services and volunteer opportunities. This Sunday, July 21, will mark the second anniversary of the historical Federal Communications Commission approval of the petition filed by United Way of America, the Alliance of Information and Referral (I & R) Systems, and others requesting national designation of 2-1-1 for community information and referral.

United Ways have a long-standing commitment to funding I & R services in their communities. In fact, each year United Ways allocate approximately $15 million for I & R services. The push for nationwide implementation of 2-1-1 received another monumental boost on June 12, 2002 when President Bush signed the Public Health Security and Bioterrorism Preparedness and Response Act of 2002, which mentions 2-1-1 as an allowable use of funds.

Currently, 2-1-1 is available in parts of Alabama, Florida, Georgia, Louisiana, New Mexico, North Carolina, South Carolina, South Dakota, Tennessee, Utah, Wisconsin; and statewide in Connecticut and Hawaii. United Ways and local I & R centers, along with community leaders in nearly every other state are planning for 2-1-1 implementation.

Additional information about the 2-1-1 initiative may be found at www.211.org.

LexisNexis

Top Stories

MY FAVORITE SITE: DEBBIE BURDETT...
The Ledger (Lakeland, FL) ... 7/18/2002

211 Draws A Map To Social Services...
Toronto Star ... 6/14/2002

DIAL 211 FOR SOCIAL SERVICES...
Capital Times (Madison, WI) ... 6/11/2002

Local United Ways At Work

UNITED WAY DELIVERS $ 61M...
The Toronto Sun ... 7/12/2002

United Way'S $ 11 Million To Fund Affordable Housing...
Star Tribune (Minneapolis, MN) ... 6/25/2002

Greater Twin Cities United Way Increases Commitment To Affordable Housing; Partners With Government, Businesses And Nonprofits; Pledges $ 11 Million Over 5 Years...
PR Newswire ... 6/24/2002

Ford Set To Give Away 300 Car Seats; Survey Reports Few La. Drivers Use Them...
The Times-Picayune (New Orleans) ... 6/23/2002

United Way Hands Out Grants...
The Cambridge Reporter ... 6/21/2002

Copyright © 2002 LexisNexis, a division of Reed Elsevier Inc. All rights reserved.

©2002 United Way of America. All Rights Reserved.

当然，所有的这些文档是大量的工作，但是有一个很好的理由值得去做：随着时间的推移，我们的决策原因会逐渐从记忆中消失。那些“在某种特殊环境下用来解决某个具体问题的临时决策”和那些“为了形成将来的设计工作的基础而有意识地做出的决策”会混杂在一起。

另一个记录你的设计系统的原因是人们最后都会离开这个工作。当他们离开时，他们带走了关于这个产品如何设计出来的、如何在日常基础工作上建立起来的丰富知识。如果没有一个保留每一次更改、符合最新的标准和惯例的风格指南，这些知识就丢失了。随着时间的推移，在人们改变职位的同时，整个企业逐渐会出现集体失忆，“这些事情是如何被完成的方法”和“这些决策的理由”偏移到了企业的其他部分，或被工作人员给丢弃了。

承载这些设计决策的权威性文档是**风格指南**（style guide）。这个汇总文档确定了视觉设计的每个方面，从最大到最小的范围内的所有元素。影响到产品的每一个局部的全局标准（比如设计栅格、配色方案、字体标准或标志应用指南）通常是风格指南中的第一部分。

风格指南还要包括某一个模块或网站功能的具体标准。在某些情况下，在风格指南中所记录的标准，应该包含各个层级的标准从独立界面到统一的导航元素。风格指南的总体目标是提供足够的细节来帮助人们将来做出明智的决策——因为大部分的想法都已经为他们实现了。

创建一个风格指南同样有助于在一个分散的企业中实施设计的一致性。如果网站运营包括各种各样正在执行中的独立项目，并且由分布在世界各地的人员来完成的话，那么你的网站很可能会像一个“风格和标准随机混杂的产品”。让所有这些人遵循一套统一的标准来运作，需要做大量的工作，这就是负责执行风格指南的团队在企业中的级别往往比你所预料的要高的原因。有了风格指南，你就有了一套唯一且高效的方法，让你的产品看起来像是一个协调一致的整体，而不是一堆乱七八糟的碎片。

08

第8章

要素的应用

不管你的产品有多复杂，用户体验要素都是一样的。但是，将这些要素背后的想法付诸实施却是一次自我挑战。这不仅仅是时间和资源的问题——它常常是一个心态的问题。

回过头来看这五个层面（战略、范围、结构、框架和表现），它们听上去都像是有一大堆工作要做。当然这种需要高度注意所有细节的工作，必须要花费几个月的开发时间和一小组经过专业培训的团队来完成，不是吗？

不一定。当然，对一些项目和一些企业来说，那些太复杂很难通过方法来控制的产品，通过成立一个由全职专家组成的小组来负责，是分配责任最有效的方法。此外，由于专家可以专注于完整的用户体验的某一个方面，他们通常对自己所承担的那部分工作有着更加深刻的理解。

不过，大部分时间，在有限资源下的小团队也能达到相似的目标。有时只有几个人的小组实际上可以产生比一个大团队要好得多的结果，因为他们更容易共享用户体验的设计版本，并及时同步。

创建良好的用户体验最重要的工作内容是大量收集亟待解决的非常细微的问题。“成功的方法”和“注定会失败的方法”的差异归根结底就是以下两点：

了解你正在试着去解决的问题。你已经知道在主页的那个紫色的大按钮是个问题，是按钮太大还是紫色不合适？它们哪个需要改变（表现层）？是这个按钮在这个页面上放置的地方不对（框架层），还是这个按钮所代表的功能并不是用户所期望的那个（结构层）？

了解这些解决办法所造成的后果。要记住你所做出的每一个决定对其上、其下层面都有可能会产生“连锁反应”。在你的产品某个部分运作得非常好的导航设计，可能完全不符合结构层的另一个部分。产品选择向导的交互设计也许是一种创新的方法，但它是否能满足“技术恐惧症用户”的需求呢？

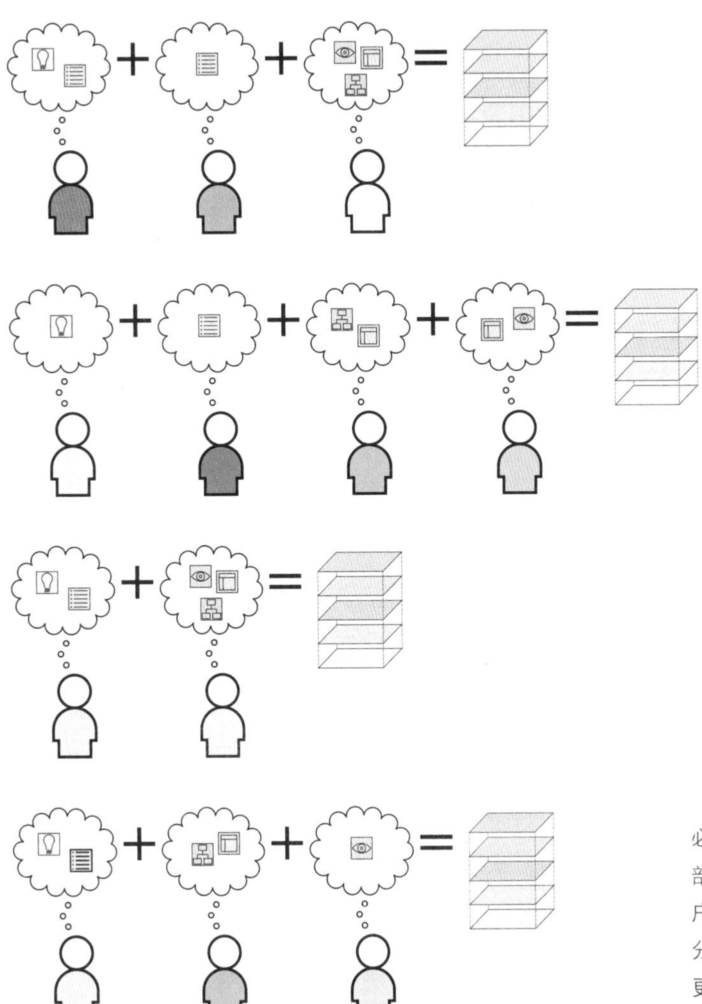

必须要同时考虑五个层面的全部因素，这对于创建成功的用户体验是至关重要的。有专人分头来负起责任固然重要，但更重要的是要保证所有的用户体验要素都被关注。

你一定会惊讶于有多少组成用户设计开发过程的细微决定完全是不自觉地产生的。大部分时间，关于用户体验的决策总会体现在以下这些场景之中：

由现状决定的设计（design by default）。这发生在当用户体验的结构遵循其背后的技术，或企业的结构时。将客户的定单记录和消费信息分别保存在独立的数据库中，也许对于你现有的技术系统是合理的，但是这并不意味着把它们从用户体验中分开也同样是一个好主意。相似地，来自企业内部不同部门的内容，也只有在放到一起而不是保持独立的时候才会更好地服务于用户。

由模仿决定的设计（design by mimicry）。这发生在当用户体验依靠于来自其他产品、公共刊物或软件应用程序的相似情况时，不管这些情况对你的用户（或甚至对网站）来讲是否确实合适。

由领导决定的设计（design by fiat）。这发生在当用户体验由个人喜好代替了用户需求或产品目标驱动体验决策的时候。如果由于某个高级副总裁很喜欢橙色，配色方案中橙色就占了主导地位，或者由于研发工程师的领导喜欢下拉菜单，结果导航元素就变成了下拉菜单的话，你可能已经忽略了应该用于驱动你所做出的决策的战略目标。

提出正确的问题

面对那些设计用户体验时需要解决的纠缠不清的小问题，有时会是一件令人气馁的事情。有时某一个问题的解决办法会让你不得不重新思考你认为已经解决的其他问题。很多时候，你必须在不同的做法之间做出妥协并评估利弊和进行取舍。当你夹在不得不做出此类决定的中间左右为难的时候，不管你是否采取了正确的做法，都很容易变得沮丧和怀疑。正确的做法是，将每一个决定都建立在对其背后议题的理解之上。与用户体验有关的第一个问题恐怕是问你自己的（这也是你应该回答的第一个问题）：你为什么要这么做？

对于你即将面临的问题抱有一种正确的心态是最重要的。每一个用户体验的设计过程的其他方面都有可能导致调整，以适应时间、金钱和为你工作的人员。没有时间去收集你的用户数据？也许你能找到办法去看看已经拿到手的信息，比如客服的日志或反馈消息，去找到用户需求的一些感觉。负担不起租用可用性实验室的费用？那就找几个朋友、家人或同事来做一些非正式的测试。

不要以“节省项目时间或金钱”的名义对用户体验问题敷衍了事。在某些项目中，一些人会自作聪明地在这个过程的最末尾添加“用户体验评估”——在应该提出这些问题的时机已经过去很久以后。当发布日期确定后，你告诉自己“比赛开始以后不要顾虑太多”，这看上去好像是一个不错的主意，但这样最后很可能得到的是一个满足所有技术需求却恰恰对你的用户毫无用处的产品。甚至更糟的是，通过在结束时附加的用户体验评估，最后你可能会发布一个明知道已经被损坏却没有机会（或多余的金钱）去修复的产品。

一些企业很喜欢这种做法，称之为“用户接受度测试”，**接受度**（acceptance）这个词在这里的意思非常明显一问题不是说他们是否会喜欢或是否会使用这个产品，而是他们是否能接受它。这种类型的测试往往发生在整个流程的最后，在那个时候无数的假设已经在没有经过任何检查的情况下进入形成用户体验的过程中了。想在已完成的产品中通过用户测试中揭露出这些假设是极度困难的，因为它们藏在了界面和交互的外衣下面。

很多人提倡将用户测试作为确保良好的用户体验的一个主要手段。这种思路看上去是你应该做一些事，将它们摆到一些人的面前，来看看他们有多喜欢它，然后无论他们抱怨什么都将其修正。但是测试永远无法取代一个考虑周密的、准备充分的用户体验设计过程。

询问你的用户关于产品的某个具体元素的问题，能帮助你收集来自用户的更多相关信息。没有着眼于用户体验的用户测试，很可能以提出错误的问题而告终，这相反又会导致你得到错误的答案。例如，在测试原型的时候，知道要在调查中列出哪些问题是展示出你的测试主题的关键，经验是“不要用不相关的内容来把事情搞得更混乱”。导航条的问题真的只是跟颜色有关吗？还是用户对导航所使用词汇有所微词?

你不能简单地依赖你的用户来阐明自己的需求。不管创建什么样的用户体验，其最大的挑战是“比用户自己更准确地去理解他们的需求”。测试可以帮助你了解用户的需求，但是它只是能达到同样的目的的许多工具之一。

马拉松和短跑

就如同不应该拿用户体验的任何一部分来碰运气一样，你也不应该靠运气来完成自己的开发过程。企业中永远处在紧急情况下的开发团队太多了。每一个项目都被看成是对某些被察觉到的危机的回应，同时，这样的结果就是，每一个项目在它刚刚开始的时候就已经落后于计划了。

当我向客户描述问题的时候，我常常使用一个比喻来形容用户体验开发过程：它是一场“马拉松”而不是“短跑”。了解你所参加的比赛类型才能用适合的方式去参赛。

短跑比赛是短距离的比赛。短跑运动员必须在发令枪响起的那一刻聚集起所有储备的能量——而且他们必须要在那几分钟内迸发出所有的能量。在离开起跑线的一瞬间，短跑运动员就必须尽可能快地跑起来，并且尽可能地保持这种奔跑速度直到他到达终点线。

马拉松是长距离的比赛。马拉松运动员需要和短跑运动员一样的能量，但它们的使用方式是完全不同的。成功的马拉松取决于运动员如何有效地控制自己的步伐。在其他所有因素相同的情况下，运动员知道“何时加速”以及“何时减速”才更有可能赢得比赛——或者甚至彻底结束这场比赛。

短跑的战略（从开始到结束都要尽可能快地奔跑）显然是在这样的比赛中唯一最明智的做法。看上去你应该可以进行一场马拉松比赛，把它当成一系列全速冲刺的组合——但是这种方法是行不通的。行不通的部分原因是因为人类身体的耐力极限。这里还有另外一个因素：为了适应这个极限，马拉松运动员需要持续地监控自己的表现，密切注意哪些可行哪些不可行，并且适时地调整自己的方式。

产品开发很少是短跑比赛。更常见的是，有时候你会向前推进，建立原型和产生想法，然后随着时间推移，你再返回来，测试你所建立起来的东西，看看各个组成部分如何结合在一起，并且为这个项目提炼出一个综合的画面。有些任务需要重点承担速度；另一些则要求一个更加深思熟虑的方法。优秀的马拉松运动员知道哪些是哪些——所以你也应该。

经过深思熟虑的设计决策，可能会在短期内花费一定的时间，但是它们将在一个更长时期中节省更多的时间。设计师和开发者总是在他们的工作进行到某个阶段时，才后悔没有提前关注战略、范围和结构。我曾经参与了很多项目，在这些项目中有些用户体验工作总是处在有可能被取消的威胁之下。图形或一段代码产生了实际网站的组成部分，而对于那些没有产生可视化成果的任务，有些人会变得不耐烦。这些任务通常会在进程落后或预算超支的时候成为第一个被砍掉的项目。

但是这些包括了最初项目范围的任务，它们是稍后产生可交付成果的必要准备（这就是为什么五层模型应该从底部开始建立，每一层都是其上一层的基础）。当这些任务被取消之后，任务和可交付成果被一个更大的项目环境留在了不确定的项目日程中，似乎与其他的那些都脱节了。

当你最终完成时，你得到一个没有达到大家期望的产品。你不仅仅没有解决你原来的问题，事实上还给自己造成了新的问题，因为现在下一个刚刚冒出来的

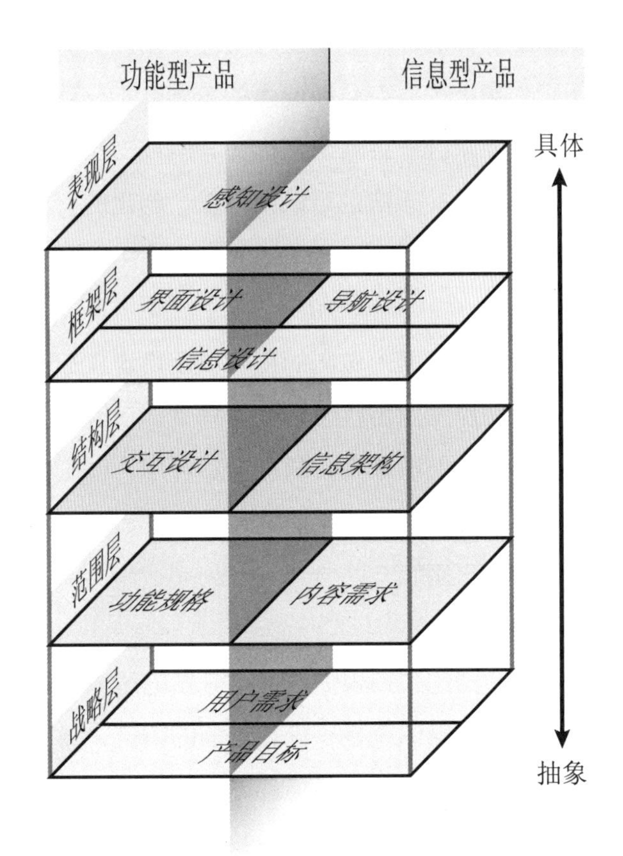

大项目正是你在上一个项目中试图去解决的一些缺陷。然后你又进入了另一次的恶性循环中。

以局外人的身份来看看这个产品（或者在第一次进入产品开发过程的时候）很容易在忽略靠近底部的那些要素的同时，把关注点放在五层模型中靠近顶部的更显而易见的要素上。然而，具有讽刺意味的是，那些最难被感知的要素（产品的战略层、范围层和结构层）在决定用户体验的最终成功或失败方面扮演了一个必不可少的角色。

在大多数情况下，在上一级层面中的错误有可能会削弱更低层面的正确决策。在视觉设计的上问题（看上去很杂乱或混淆的布局，不一致或不协调的色彩）会让用户很快离开，从而永远不会意识到你在导航或交互设计上做了很多聪明的选择。缺乏考虑的导航设计方法也可以使你在“创建的良好、灵活的信息架构”上的所有努力变成浪费时间。

类似地，如果那些在上一级层面上做出的正确决定是建立在低一级层面做出的错误决策的基础上的话，那些决定就没有任何意义。在网站历史中，一些网站之所以失败，是因为它们虽然很漂亮，却完全不可用。过于关注视觉设计，而排除其他的用户体验要素使得不止一个网站宣告破产，并使其他公司完全不明白为什么总是被网站问题所困扰。

这种糟糕的结果并不是必然的。如果你在网站开发的时候，始终从完整的用户体验出发，那么最后得到的网站就是一份有价值的资产，而不是无休无止的债务。每一件与网站的用户体验有关的事情都是有意识地、明确地决策的结果，只有这样你才能确保这个网站能同时满足你的战略目标和用户需求。

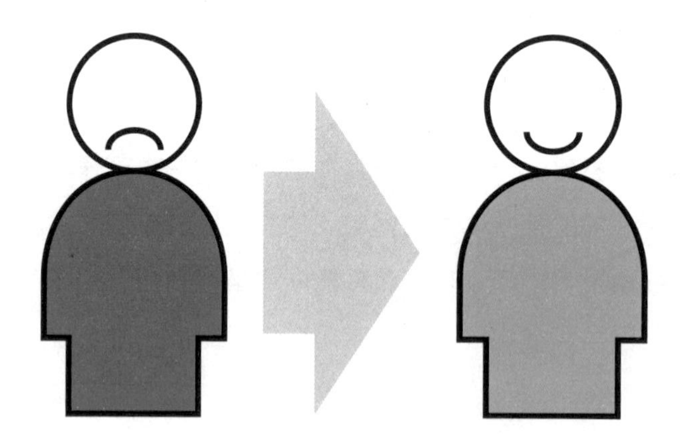